非二氧化碳温室气体减排技术发展评估与展望

非二氧化碳温室气体减排技术发展研究组　编著

中国科学技术出版社

·北　京·

图书在版编目（CIP）数据

非二氧化碳温室气体减排技术发展评估与展望/非
二氧化碳温室气体减排技术发展研究组编著 . -- 北京：
中国科学技术出版社，2022.11
ISBN 978-7-5046-9805-6

Ⅰ.①非… Ⅱ.①非… Ⅲ.①温室 – 气体 – 大气扩散 –
污染防治 – 研究 – 中国 Ⅳ.① X511.05

中国版本图书馆 CIP 数据核字（2022）第 183557 号

策划编辑	胡 怡	
责任编辑	胡 怡	
封面设计	黄 琳	
正文设计	中文天地	
责任校对	吕传新	
责任印制	马宇晨	

出　　版	中国科学技术出版社
发　　行	中国科学技术出版社有限公司发行部
地　　址	北京市海淀区中关村南大街 16 号
邮　　编	100081
发行电话	010-62173865
传　　真	010-62173081
网　　址	http://www.cspbooks.com.cn
开　　本	787mm×1092mm　1/16
字　　数	250 千字
印　　张	16.75
版　　次	2022 年 11 月第 1 版
印　　次	2022 年 11 月第 1 次印刷
印　　刷	北京世纪恒宇印刷有限公司
书　　号	ISBN 978-7-5046-9805-6 / X·149
定　　价	89.00 元

编委会成员

（按姓氏音序排列）

序

气候变化关乎全球可持续发展和人类前途命运，已经成为当前国际社会普遍关注的重大问题。越来越多的证据表明，人类活动引发的温室气体排放增加是造成自工业革命以来全球地表温升的主要原因，要实现全球温升控制目标，必须大规模减少温室气体排放。依据《联合国气候变化框架公约》，除二氧化碳（CO_2）外，温室气体还包括甲烷（CH_4）、氧化亚氮（N_2O）、氢氟碳化物（HFCs）、全氟碳化物（PFCs）、六氟化硫（SF_6）和三氟化氮（NF_3）等。全球非二氧化碳温室气体排放占比虽然远少于 CO_2，但具有显著的温室效应，对气候变化有重要影响。控制非二氧化碳温室气体排放，对于有效应对全球气候变化、实现温室气体净零排放具有重要作用。

国内外加强非二氧化碳温室气体管控的呼声日益强烈。联合国政府间气候变化专门委员会（IPCC）发布的《气候变化2022：减缓气候变化》报告指出，"甲烷等非二氧化碳温室气体的深度减排，是全球实现《巴黎协定》目标的必要条件"。近年来，我国高度重视非二氧化碳温室气体减排，我国《国民经济和社会发展第十四个五年规划和2035年远景目标纲要》明确提出，"要加大甲烷、氢氟碳化物、全氟碳化物等其他温室气体控制力度"。我国科技部等九部门共同印发的《科技支撑碳达峰碳中和实施方案（2022—2030年）》把非二氧化碳温室气体减排技术能力提升行动作为十大行动之一，并提出加强甲烷、氧化亚氮及含氟气体等非二氧化碳温室气体的监测和减量替代技术研发及标准研究。

非二氧化碳温室气体涉及能源、农业、废弃物处理及工业等众多领域。加强非二氧化碳温室气体综合统筹和科学管控，不仅有利于应对气候变化，还可支撑能源安全、粮食安全和可持续发展，助力高质量发展。与 CO_2 相比，非二氧化碳温室气体的排放源较分散，排放机理各不相同，监测基础存在短板，科技供给相对不足，减排管控难度较大。鉴于非二氧化碳温室气体管控技术的复杂性和前沿性，决策者和行动者亟需一份科学、清晰、易懂的技术评估图谱。一方面，图谱要客观全面反映国内外研究人员在非二氧化碳温室气体减排与替代技术研究方面取得的系列成果；另一方面，要前瞻性提出未来技术需求和研发方向。

为深入贯彻落实中共中央、国务院关于碳达峰碳中和的重大战略决策，做好科技支撑碳达峰碳中和相关工作，根据科技部双碳科技工作的统一安排，中国 21 世纪议程管理中心负责组织研究与编制《碳中和技术发展路线图》，对零碳电力、零碳非电能源、燃料原料与工艺流程替代、碳汇与负排放、集成耦合与优化以及非二氧化碳温室气体减排等技术进行了系统评估。其中，围绕非二氧化碳温室气体减排技术发展动态，专家组进行了科学全面系统的分析，形成《非二氧化碳温室气体减排技术发展评估与展望》一书。

本书对 CH_4、N_2O 和含氟气体等非二氧化碳温室气体的排放途径、核算监测进行系统梳理，针对不同技术应用场景，对 CH_4、N_2O、含氟气体的源头减量、过程控制、末端处置、综合利用等技术发展进行评估，分析非二氧化碳温室气体技术近中期的发展路径，并形成监测和减排技术政策建议。希望本书能够为读者了解非二氧化碳温室气体减排技术现状和面临的挑战提供有益信息，并为科技支撑非二氧化碳温室气体减排提供参考。

中国 21 世纪议程管理中心主任

黄 晶

目 录

CONTENTS

第 1 章

概述

1.1 非二氧化碳温室气体简介

温室效应是指透射阳光的密闭空间由于与外界缺乏热交换而形成的保温效应，也就是太阳短波辐射可以透过大气射入地面，而地面增暖后放出的长波辐射却被大气中的二氧化碳等物质吸收，从而产生大气变暖的效应，会对包括人类在内的整个生态系统产生深远的影响。地球的温室效应是人类进化发展和文明延续的重要保证条件。但是由于人类的活动，大气中的温室气体迅速增加，温室效应大大增强，引起全球变暖，破坏了自然界长期以来形成的宏观平衡。

1992 年,《联合国气候变化框架公约》指出温室气体是"大气中吸收和重新放出红外辐射的自然的和人为的气态成分"[1]。1998 年,《京都议定书》进一步将二氧化碳（CO_2）、甲烷（CH_4）、氧化亚氮（N_2O）、氢氟碳化物（HFCs）、全氟化碳（PFCs）和六氟化硫（SF_6）等六种气体确定为温室气体[2]。随着《京都议定书》第一阶段的结束和第二承诺期的开始，2011 年在南非德班召开的《京都议定书》第 7 次缔约方会议将三氟化氮（NF_3）作为第七种管控温室气体加入了清单[3]。七种气体中，CO_2、CH_4 和 N_2O 是自然界中本来就存在的气体，人类活动进一步增加了其在大气中的浓度；而 HFCs、PFCs、SF_6 和 NF_3（统称为含氟气体）则是人类活动的产物。CO_2 是最主要的人为温室气体，其辐射强迫约占长寿命温室气体的 66%，对过去十年辐射强迫增量的贡献超过 80%[4]。而 CH_4、N_2O、含氟气体等三类气体可统称为非二氧化碳温室气体（简称非二温室气体），尽管它们的排放总量比 CO_2 少，但对全球变暖的影响不容忽视。

需要注意的是，除上述几类气体外，水汽、臭氧、全氯氟烃、卤代氯 / 溴氟烃等也会产生温室效应[5, 6]，但由于它们存在相变消耗、分布受地理环境影响较大等多方面原因，我们现阶段对其关注较少。本书主要对《京都议定书》中明确的 CH_4、N_2O、HFCs、PFCs、SF_6 和 NF_3 这几种非二氧化碳温室气体进行讨论，其中 HFCs 主要包含 HFC-23、HFC-32、HFC-125、HFC-134a、HFC-143a、HFC-152a、HFC-227ea、HFC-236fa、HFC-245fa 等；PFCs 则包括 CF_4 和 C_2F_6 [7]。

由于不同温室气体的辐射强迫和大气寿命不尽相同，因而它们产生的增温效果也有区别。目前研究人员常用全球变暖潜势值（Global Warming Potential，GWP）指标来衡量温室气体的增温效果。1990 年，联合国政府间气候变化专门委员会（Intergovernmental Panel on Climate Change，IPCC）将全球变暖潜势值定义为：在特定时间内，单位质量某种温室气体所产生的辐射强迫与单位质量 CO_2 辐射强迫的比值。IPCC 第一次评估报告 [8] 引入了二氧化碳当量这一概念，它可以把各类温室气体折换为等效的 CO_2，从而将不同温室气体的增温效应标准化。一种气体的二氧化碳当量是该气体的质量乘以其 GWP。二氧化碳当量常以每吨（或百万吨）二氧化碳当量（tCO_2-eq 或 $MtCO_2$-eq）为标准计算单位。温室气体在大气中有一定寿命，会发生分解，于是气体的 GWP 数值会随着时间而变化。以 CH_4 为例，大气中的 CH_4 会自然消减，其中 90% 的消减是因为与对流层中的羟基自由基发生了反应，5% 是被土壤中的细菌氧化，而剩下的 5% 是与平流层中的各种基团发生了一系列的（光）化学反应 [9]。在空气中很快就分解的气体在评估初期对 GWP 值影响较大，但在评估中后期其 GWP 数值就将明显下降。以 CH_4 为例，在 20 年的时间框架内，其 GWP 值高达 81.2，但在 100 年时间框架内的对应数值仅为 27.9。还有一些温室气体的 GWP 数值随评估期增加而增长，如 SF_6 20 年时间框架内的 GWP 值为 18 300，而 100 年时间框架内的对应数值竟上升至 25 200。此外，为更直接地体现温室气体对温度变化的影响，研究人员提出了温室气体的全球温变潜势值（Global Temperature Potential，GTP）并已被 IPCC 在评估报告中采用。表 1-1 是部分温室气体的 GWP/GTP 值 [10]，GTP 的数值除了受评估时长影响之外，还受气候敏感因子、海-气热交换、目标时间点选取等多方面影响。

表 1-1　部分温室气体 GWP 和 GTP 数值

气体名称		分子式	生命周期（年）	GWP 20	GWP 100	GWP 500	GTP 50	GTP 100
二氧化碳		CO_2		1	1	1	1	1
甲烷		CH_4	11.8	81.2	27.9	7.95	11	5.38
氧化亚氮		N_2O	109	273	273	130	290	233
氢氟碳化物（HFCs）	HFC-23	CHF_3	228	12 400	14 600	10 500	15 400	15 100
	HFC-32	CH_2F_2	5.4	2 690	771	220	181	142
	HFC-125	CHF_2CF_3	30	6 740	3 740	1 110	3 300	1 300
	HFC-134a	CH_2FCF_3	147	4 140	1 530	436	733	306
	HFC-143a	CH_3CF_3	51	7 840	5 810	1 940	5 910	3 250
	HFC-152a	CH_3CHF_2	1.6	591	164	46.8	36.5	29.8
	HFC-227ea	CF_3CHFCF_3	36	5 850	3 600	1 100	3 400	1 490
	HFC-236fa	$CF_3CH_2CF_3$	213	7 450	8 690	6 040	9 200	88 700
	HFC-245fa	$CHF_2CH_2CF_3$	7.9	3 170	962	274	262	180
全氟化碳（PFCs）	PFC-14	CF_4	50 000	5 300	7 380	34 100	7 660	9 050
	PFC-116	C_2F_6	10 000	8 940	12 400	10 600	12 900	15 200
六氟化硫		SF_6	3 200	18 300	25 200	17 500	26 200	30 600
三氟化氮		NF_3	569	13 400	17 400	18 200	18 200	20 000

在 100 年的时间框架内，非二氧化碳温室气体中 CH_4 的温室效应是 CO_2 的 27.9 倍，排放源主要是人类活动，如农业活动、化石能源开采、废弃物处理，以及能源燃烧等。N_2O 的温室效应是 CO_2 的 273 倍，它主要来源于己二酸、己内酰胺和硝酸的工业生产过程。HFCs 多来自制冷剂、发泡剂、清洗剂等制作过程，其中制冷剂中常使用的 CH_2F_2 的温室效应是 CO_2 的 771 倍。PFCs 在我国的排放主要有两种形式：C_2F_6 和 CF_4，其对应的温室效应分别是 CO_2 的 12 400 倍和 7 380 倍，主要排放源是电解铝行业。SF_6 是温室效应最强的温室

气体之一，其温室效应是 CO_2 的 25 200 倍，它主要来自高压电器开关和半导体电路板的生产过程[11]。非二氧化碳温室气体的排放源如表 1-2 所示[12]。

表 1-2　非二氧化碳温室气体排放部门 / 来源分类

排放部门 / 来源			CH_4	N_2O	HFCs	PFCs	SF_6	NF_3
能源部门	煤炭开采		○	/	/	/	/	/
	天然气和石油系统		○	/	/	/	/	/
	化石燃料和生物质燃烧		○	○	/	/	/	/
工业生产部门	硝酸和己二酸生产		/	○	○	○	○	/
	电子产品制造		/	/	/	/	○	○
	电力系统		/	/	/	○	/	/
	金属	原铝生产	/	/	/	/	○	/
		镁制造	/	/	/	/	○	/
	消耗臭氧层物质替代品的使用		/	/	○	/	/	/
	HCFC-22 生产		/	/	○	/	/	/
农业部门	牲畜	肠道发酵	○	/	/	/	/	/
		肥料管理	○	○	/	/	/	/
	农田		/	○	/	/	/	/
	水稻种植		○	/	/	/	/	/
废弃物处理部门	垃圾填埋场		○	/	/	/	/	/
	废水		○	○	/	/	/	/

注：a. 电子产品制造包括半导体、光伏和平板显示器；b. 消耗臭氧层物质的替代品包括用于制冷和空调的制冷剂、溶剂、泡沫、气溶胶和灭火器。

与 CO_2 相比，非二氧化碳温室气体减排体系具有以下特点：①虽然非二氧化碳温室气体在大气中的排放量相比 CO_2 要小很多，但是其 GWP 值高，是 CO_2 的几十倍甚至上万倍，对全球气候变化有较大影响，减排影响空间大。②非二氧化碳温室气体排放清单不确定性明显高于 CO_2，且非二氧化碳温室气体的排放缺少有效的监测技术手段，协同减排难度较高。非二氧化碳温室气体排放源分散在能源、工业、农业及废弃物处理等各部门，部分部门和气体的不确定性达到 $\pm 55\% \sim 60\%$，最低的也接近 $\pm 15\%$，而 CO_2 排放清单的不确定性范围仅为 $\pm 5\%$。③与 CO_2 相比，非二氧化碳温室气体减排路径差别较大。CO_2 温室气体减排路径比较清晰，其路径有电力、燃料等能源清洁化，节能，碳捕集利用与封存（Carbon Capture Utilization and Storage，CCUS）等，而非二氧化碳温室气体的减排路径完全不同，如消减需求、原料替代、技术改良、末端回收、处置消解等。④非二氧化碳温室气体深度减排难度大，减排初期成本较低，但难以实现近零排放，且存在排放量进一步增加的可能性。

1.2　非二氧化碳温室气体减排的重要意义

从 19 世纪五六十年代逐步认识到温室效应的存在开始，经过一个多世纪的反复调研与论证，各国已就温室效应对人类社会的重要意义达成共识。因为大气中温室气体的存在，地球有了适合生物生存和繁衍的温度及各种化学物质，形成了独特且高效的生态系统。然而，自从人类社会走向工业文明，化石能源开始被大量消耗，地球大气层中的温室气体浓度也开始飞速增加，从而造成地球大气温度不断升高，给脆弱的生态系统带来了不可挽回的损失，也严重威胁到人类自身的生存。自 1950 年以来，气候系统观测到的许多变化是过去千万年以来从未有过的[13]。为了应对气候变化，从 1972 年的第一次全球环境与发展大会和 1979 年的第一次全球气候大会开始，全球诸多国家开展了积极交流与磋商，形成了包括《联合国气候变化框架公约》《京都议定书》《巴黎协定》等一系列具有重大影响力的协议共识。

2020 年 9 月 22 日，国家主席习近平在第七十五届联合国大会一般性辩论上发表重要讲话，提出我国将提高国家自主贡献力度，采取更加有力的政策和措施，CO_2 排放力争于 2030 年前达到峰值，努力争取 2060 年前实现碳中和。碳达峰碳中和目标的提出是党中央、国务院统筹国内国际两个大局和经济社会发展全局，推动经济高质量发展，建设社会主义现代化强国作出的重大战略决策，是着力解决资源环境约束突出问题、实现中华民族永续发展的必然选择，是构建人类命运共同体的庄严承诺。

在前期的温室气体研究工作中，人们重点关注 CO_2 的排放。直到 20 世纪七八十年代，CH_4 和 N_2O 才开始得到系统性关注[14]。当前，非二氧化碳温室气体的释放速度正在加快。据世界气候组织（WMO）的全球大气监视网（GAW）数据显示[4]，2020 年全球平均地表 CO_2、CH_4 和 N_2O 浓度分别为 1750 年工业化前水平的 149%、262% 和 123%。2020 年化石燃料 CO_2 的排放量相比 2019 年下降了约 5.6%，但 CH_4 和 N_2O 在 2019—2020 年的增长率却高于 2018—2019 年，也高于过去 10 年的年均增长率。2018 年发布的《中华人民共和国气候变化第二次两年更新报告》显示，我国六种温室气体的排放总量（包括 LULUCF）为 111.86 亿 t CO_2-eq，其中非二氧化碳温室气体的占比近 20%，其对全球平均温升的贡献已不可忽视，如图 1-1 所示。上述数据显示，非二氧化碳温室气体的增速并不慢于 CO_2 增速，因此我们不能忽视非二氧化碳温室气体的排放问题而任其快速增长，而是亟须在当下开展减排行动。

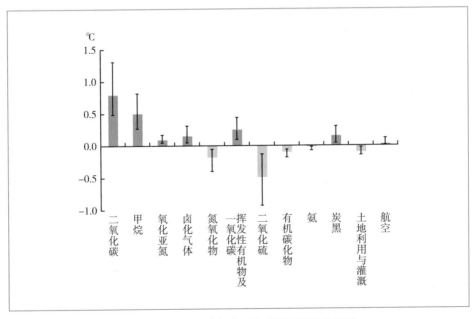

图 1-1　部分温室气体对全球平均温升的贡献

非二氧化碳温室气体大多都有较高的 GWP 值，部分气体的 GWP 值甚至达到了 CO_2 的数万倍。此外，大多数非二氧化碳温室气体的寿命长达数十年甚至数百年，会对环境造成持久且严重的危害。尤其是含氟气体，其 GWP 值会随着时间显著增加，比如 PFCs 100 年时间框架内的 GWP 值相比 20 年的数值增幅竟达 5 倍有余。这表明一些非二氧化碳温室气体造成的危害将随着时间而加重，我们当下的排放将给子孙后代遗留下严重的生态环境问题。相反，如果我们能及时治理此类温室气体，则将在未来取得多方面可观的效益。

此外，非二氧化碳温室气体的排放也更容易造成生产生活事故。不同于无色无味、低浓度下无毒的 CO_2 气体，非二氧化碳温室气体带有一定的危险性，如 CH_4 具有燃爆风险；N_2O 有麻醉作用；PFCs 有一定毒性且极易在生物体中积累。这些危险因素已威胁到人民群众的正常生产生活和生命财产安全，煤矿瓦斯、发酵沼气、垃圾填埋或焚烧产生的废气所造成的事故已屡见不鲜。

正是由于上述多方面因素，许多国家在制定节能减碳行动规划时，逐步将非二氧化碳温室气体纳入管控范围。2021 年的《联合国气候变化框架公约》第 26 次缔约方大会（COP26）上，CH_4 管控成为重要议题，会议发布了"全球甲烷承诺"[15]协定，旨在到 2030 年使 CH_4 排放水平比 2020 年时低 30%。

2021 年 3 月，《中华人民共和国国民经济和社会发展第十四个五年规划和 2035 年远景目标纲要》提出要加大 CH_4、HFCs、PFCs 等其他温室气体控制力度。2021 年 9 月，我国正式接受《〈蒙特利尔议定书〉基加利修正案》，决定加强对非二氧化碳温室气体的管控。2021 年 10 月，《中共中央 国务院关于完整准确全面贯彻新发展理念做好碳达峰碳中和工作的意见》提出要加强 CH_4 等非二氧化碳温室气体管控。2021 年 11 月，中国和美国发布《中美关于在 21 世纪 20 年代强化气候行动的格拉斯哥联合宣言》，宣言提到了 CH_4 排放对于升温的显著影响，两国将加大行动控制和减少 CH_4 排放列为必要事项，并制定了一系列行动措施。这一系列政策"组合拳"都体现了我国坚决管控非二氧化碳温室气体排放的决心。

CH_4 等非二氧化碳温室气体在初期的减排难度相对较低，有较大减排潜力。但非二氧化碳温室气体深度减排挑战较大，研究人员对减排现状、监测核算体系、减排技术支持等方面的了解还不够深入，需系统开展减排技术发展评估，以便有序推进非二氧化碳温室气体减排，更好应对气候变化，服务生态文明。

第 2 章

◆◆◆

非二氧化碳温室气体排放途径与现状

2.1　非二氧化碳温室气体排放途径

要做好温室气体管控，我们首先需要科学掌握非二氧化碳温室气体的排放途径和现状。本节将从能源、工业、农业、废弃物处理等不同行业领域分析各类非二氧化碳温室气体的排放途径和现状。

2.1.1　甲烷排放途径

CH_4 的排放途径可分为自然源与人为源两大类，工业革命以来 CH_4 的人为源排放不断增加。CH_4 的排放涉及能源的开采与使用、农业养殖和种植、废弃物处理等领域，其排放量较大、范围较广。

1. 能源行业甲烷排放途径

1）煤炭行业排放

煤层 CH_4 是煤的生成和变质过程的主要伴生气体，煤层 CH_4 的赋存和释放主要受顶底板条件、地质、采矿活动等因素影响。根据《2006 年 IPCC 指南》[16]，煤炭行业的 CH_4 排放主要来自煤炭开采过程、矿后活动和废弃煤矿排放。煤炭开采过程中的 CH_4 排放主要是煤炭采掘扰动导致吸附 CH_4 变成游离态并释放到大气，其中地下开采过程中的 CH_4 通过井下抽采系统和通风系统排放，部分可以实现回收利用。矿后活动中的 CH_4 排放主要是指在煤炭分选、储存、运输及燃烧前的粉碎过程中，煤炭中残存的瓦斯缓慢释放产生的 CH_4 排放。废弃煤矿中的 CH_4 排放主要是来自煤层的残存瓦斯从地表裂隙或人为通道中继续缓慢释放产生的 CH_4 排放。因煤层资源赋存条件及开采工艺等不同，CH_4 排放情况存在较大差别。

煤炭开采和矿后活动中的逃逸排放是我国最大的 CH_4 排放源，占 CH_4 排放总量的 40% 左右[17]。从排放环节来看，井工开采是最大的 CH_4 排放源，其次是井工煤炭的矿后活动环节[18]。而随着能源结构及煤炭生产格局的变化，废弃矿井的 CH_4 排放量逐渐增大[19]。

此外，作为煤炭的伴生资源，瓦斯的热值与天然气相当，是煤的 1~4 倍，而且是一种优质的清洁能源。煤矿瓦斯的抽采利用一直是我国长期关注的问题。据统计，2020 年中国煤层气总量约为 204 亿 m^3，其中地面钻采煤层气产量为 57.67 亿 m^3，约占总量的 28.26%；井下抽采煤层气产量为 146 亿 m^3，约占总量的 71.74%。

然而，煤层气利用率较低，煤矿抽采煤层气利用率仅为 40% 左右，如图 2-1 所示。瓦斯利用主要分成四个浓度区间，每个浓度区间特定的利用技术如表 2-1 所示。

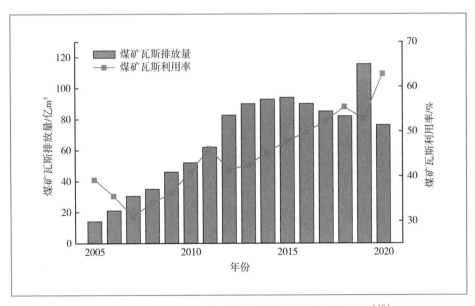

图 2-1　2005—2020 年中国煤矿瓦斯排放量及利用率[16]

表2-1 瓦斯全浓度利用方式

浓度范围	>30%	9% ~ 30%	3% ~ 9%	<3%
利用技术	瓦斯发电 燃料和原料	浓缩提纯 内燃机发电	直接燃烧	蓄热氧化技术 乏风氧化技术

2）油气行业排放

在石油天然气产业链中，尽管 CH_4 逸散在各阶段都有发生，但因时间、地域、设备管理等不同而存在很大差别。在整个石油天然气开发利用过程中，CH_4 排放主要有三类途径：第一类是钻井和完井过程中的排放；第二类是井场生产过程中的排放；第三类是气体在加工、存储、运输、分配和终端燃烧过程中的排放。

钻井和完井过程中的泄漏是油气行业 CH_4 的主要排放途径，具体有两种情况：一是由于完井工艺和质量问题造成油气沿各类井筒大量释放，尤其是在完井返排过程中易造成大批 CH_4 泄漏；二是 CH_4 通过未发现的裂隙或者封闭不良的盖层发生泄漏[20]。井场生产过程中的 CH_4 排放主要来源于常规排气和设备泄漏。气体在加工、存储、运输、分配过程中的 CH_4 排放主要通过管道泄漏产生。另外，在终端燃烧过程中，由于天然气的燃烧不完全，也存在少量 CH_4 逃逸排放。

总体而言，油气行业的 CH_4 逸散排放存在着较大不确定性。油气生产量与 CH_4 排放强度往往无显著相关性，不同盆地的 CH_4 排放特征也存在差异；针对同样的排放组件，不同国家、能源类型的生产过程也会造成 CH_4 排放差异。

2. 农业活动甲烷排放途径

农业活动中的 CH_4 排放途径主要有：反刍动物肠胃发酵 CH_4 排放、禽畜粪便 CH_4 排放以及稻田 CH_4 排放。

1）反刍动物肠胃发酵甲烷排放

反刍动物肠胃发酵 CH_4 排放主要包括氧化还原、甲基营养与乙酸异化等三种途径。

（1）氧化还原途径

氧化还原途径是以 CO_2 为碳源，CO_2 在甲酰甲烷呋喃脱氢酶作用下还原为甲酰甲烷呋喃，之后经过一系列还原反应，在辅酶 M 甲基转移酶作用下将甲基转移至还原态辅酶 M 上形成甲基辅酶 M，然后在甲基辅酶 M 还原酶作用下生成 CH_4。[21] 由于氢是该过程的主要电子供体，因此该过程也被称为氢营养型途径，为瘤胃 CH_4 合成的主要途径。此外，瘤胃中甲酸在甲酸脱氢酶作用下转化成 CO_2 和氢气（H_2），CO_2 和 H_2 会通过上述途径生成 CH_4。

（2）甲基营养途径

瘤胃中的甲醇、甲基胺以及甲基硫化物均通过甲基营养途径代谢产生 CH_4。该途径中，甲基化合物中的甲基基团最终被传递给辅酶 M，生成甲基辅酶 M，之后被甲基辅酶 M 还原酶还原生成 CH_4。H_2 以及甲基氧化为该过程提供电子，甲烷八叠球菌目（*Methanosarcinales*）和甲烷球形菌属（*Methanosphaera*）是主要的甲基营养型甲烷菌。[22]

（3）乙酸异化途径

如图 2-2 所示，瘤胃中的乙酸在乙酸激酶和磷酸转移酶的作用下生成乙酰辅酶 A，之后在 CO 脱氢酶 / 去碳基甲酰化酶复合物的催化下，甲基和羧基分别生成甲基四氢甲烷蝶呤和 CO，甲基四氢甲烷蝶呤通过辅酶 M 最终生成 CH_4。*Methanosarcinales* 等是主要的乙酸营养型甲烷菌，但该途径在瘤胃中并不常见。

2）禽畜粪便甲烷排放

禽畜粪便既会产生 CH_4，也会产生 N_2O。其中，CH_4 是在有机物厌氧发酵分解过程中释放出来的。禽畜粪便厌氧发酵产生 CH_4 的过程通常分为水解、酸化、产氢产乙酸和产 CH_4 等四个阶段[23]。因各个阶段的界限并不明显，因而具体划分存在一定差异。排放过程中，前一阶段的产物将作为下一阶段的底物继续参与发酵，它们通过协同或拮抗作用来维系微生物群落的整体稳定性。

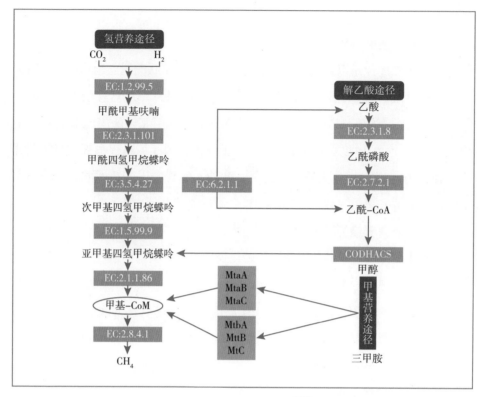

图 2-2 CH₄ 生成路径[22]

（1）水解阶段

水解阶段主要是将各种复杂聚合物如纤维素、木质素等在水解酶的作用下水解为单分子或较复杂的化合物[24]，所用的水解酶来自拟杆菌（*Bacteroides*）、梭菌（*Clostridium*）及兼性厌氧的真杆菌（*Eubacterium*）等严格厌氧细菌[25]。该阶段为厌氧消化过程的限速步骤。水解细菌种类丰富，可厌氧消化多种原料，而在这个过程中，细菌种群特征也会随着发酵条件的变化而有所改变。

（2）酸化阶段

这一阶段，发酵类酸化菌会以水解阶段产生的单一或较复杂化合物为代谢底物，进行发酵或者作为电子供体（如硝酸盐或硫酸盐），继而在厌氧条件下被氧化为各种短链挥发性有机酸，如甲酸、乙酸、丙酸、丁酸、戊酸等，其他产物包括乙醇、乳酸等。

（3）产氢产乙酸阶段

这一阶段，水解、酸化后产生的挥发性有机酸被产乙酸菌氧化生成乙酸盐、甲酸盐、H_2 和 CO_2 等，其中乙酸为主要产物。产乙酸菌种类丰富，能够利用多种电子供体（如糖类、短链脂肪酸、乙醇等）和电子受体（如 CO_2、延胡索酸盐、丙酮酸盐、质子等）进行反应[25]。一般来说，产酸反应需要产乙酸菌和氢营养型甲烷菌的共同参与，通过 H_2 或者甲酸盐来联系两种微生物的代谢。

（4）产甲烷阶段

CH_4 的产生是厌氧消化的最后一步。此时产甲烷菌利用体系中存在的乙酸、H_2、CO_2 等简单物质进行代谢，产生 CH_4、CO_2 并合成自身细胞物质，具体可分为两条主要途径[26]：一是使用 H_2 将 CO_2 还原为 CH_4 和水（H_2O）；二是将乙酸脱甲基生成 CH_4 和 CO_2。由于产甲烷菌自身丰度较低，且会与一些厌氧菌形成竞争关系，因此 CH_4 的产生过程容易受到抑制。现已知的产 CH_4 微生物均属于古生菌中的广古生菌（*Euryarchaeota*）门。发酵体系所提供的营养物质以及抑制因素（如氨、硫化氢或挥发性脂肪酸含量等）将会改变氢营养型甲烷菌与乙酸营养型甲烷菌的相对主导地位，以维持甲烷菌群落的稳定性。

3）稻田甲烷排放

稻田 CH_4 排放主要包括土壤 CH_4 产生、氧化及其向大气传输三个阶段，如图 2-3 所示。其中，稻田 CH_4 的产生是在淹水形成的极端厌氧条件下，土壤中产甲烷菌作用于有机肥料、根系分泌物和动植物残体等产 CH_4 基质的结果。淹水土壤 CH_4 的产生主要有三种途径：产甲烷菌利用 H_2 或者有机分子作为氢的供体还原 CO_2 形成 CH_4；产甲烷菌对乙酸的脱甲基作用进而产生 CH_4，其中乙酸途径往往占主导；CH_4 传输指稻田土壤中产生的 CH_4 通过植物通气组织、气泡以及液相扩散等形式向大气排放的过程，其中以水稻通气组织输送为主。

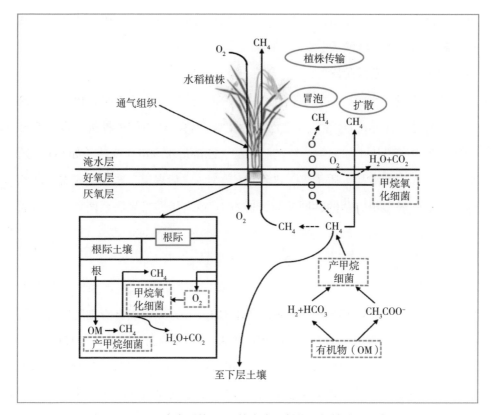

图 2-3 稻田生态系统 CH_4 的产生、氧化和传输过程示意图

3. 废弃物领域甲烷排放途径

1）生活垃圾处理甲烷排放

我国城市生活垃圾的处理方法有卫生填埋、焚烧、堆肥和综合回收利用等。生活垃圾进入填埋场后就开始经历一系列复杂的生物化学反应。一方面，复杂的有机物在微生物作用下，分解生成 CO_2、CH_4 等气体和其他无机盐；另一方面，有机物降解形成的中间产物经过缩合又形成新的复杂腐殖质。当垃圾进入填埋场后可发生降解，有机组分逐渐降解达到矿化、可浸出的无机盐由渗滤液带走，垃圾层产生填埋气体，场地表面自然沉降。焚烧处理能够实现城市生活垃圾的资源化、无害化，废弃物中部分碳在焚烧处理中未被充分氧化从而产生 CH_4 气体。

2）废水处理甲烷排放

在生活污水处理和污泥处理处置过程中，CH_4 产生的主要途径是污水中有机物厌氧分解和传输过程中溶解性 CH_4 在爆气等非常规条件下的逸散。此外，少部分未经处理的城镇生活污水排放入河流、湖泊、港湾和海洋等水体后，由于水体不流动或者流动缓慢、内部氧气不足，也会造成有机物厌氧分解产生 CH_4。在工业废水处理领域，CH_4 排放在不同行业差别较大。对于以高浓度有机物为特征的工业废水，我们常采用厌氧 – 好氧处理工艺流程，废水的储存、转输和处理过程均会有 CH_4 的产生和逸散风险。全国工业行业废水产生的 CH_4 排放量位于前八的行业分别是：造纸及纸制品业、农副食品加工业、化学原料及化学制品制造业、饮料制造业、食品制造业、纺织业、医疗制造业、石油加工及炼焦与核燃料加工业。其中，养殖废水的发酵、甲醇废水、石化废水的氧化过程都将原位产生 CH_4。含有易降解有机物的工业废水，可以直接通过厌氧分解过程产生 CH_4，但晚期垃圾渗滤液、石化废水等含有毒、难降解有机物的废水会先经过高级氧化逐渐分解为底物和易降解的小分子有机物，该过程会产生部分 CO_2 和 H_2O；随后，易降解有机物经过厌氧分解直接产生气态 CH_4 和溶解性 CH_4。

2.1.2　氧化亚氮排放途径

根据 IPCC 第六次评估报告[27]，1980—2016 年 N_2O 排放增量中有 2/3 来源于农业领域氮肥和粪便有机肥使用，剩下的则来源于燃烧及其他工业领域和废水处理领域等。本节中将分别进行介绍。

1. 农业领域氧化亚氮排放途径

农业 N_2O 的排放主要包括三方面：一是粪便管理系统中 N_2O 的排放；二是农田土壤中 N_2O 的直接排放；三是农业氮肥施用导致的 N_2O 间接排放[28]。

1）粪便管理系统氧化亚氮排放

粪便管理系统中 N_2O 的排放是指施入土壤之前的动物粪肥在存储和处理过程中产生的 N_2O。其中粪肥是指牲畜排泄的包括固体部分和液体部分粪便。

N_2O 的排放通过粪便中氮的硝化和反硝化过程产生。粪便储存和管理中产生的 N_2O 排放与粪便中的氮含量和碳含量，以及存储的持续时间和管理方法的类型有关。

硝化作用，即氨态氮氧化成硝态氮，是家畜粪便储存时产生 N_2O 排放的先决条件，通常发生在氧气充足条件下。而在厌氧条件下，不会发生硝化作用，而会发生厌氧的反硝化作用，这也是 N_2O 排放的主要来源。此时，亚硝酸盐和硝酸盐转变为氮气（N_2），在该过程中产生中间产物 N_2O 的排放。我们通常认为 N_2O 与 N_2 的比例会随着酸性、硝酸盐浓度的增加和水分的减少而提高[29]。因此，粪便中 N_2O 的产生和排放需要多方面条件：首先必需的是有氧环境，以生成亚硝酸盐或硝酸盐；其次要厌氧环境，使这些氧化型的氮盐反硝化分解；此外，还需要能阻止 N_2O 还原成 N_2 的条件，如低 pH 值或有限水分等。

粪便管理系统中的 N_2O 排放与动物的类型和数量、氮排泄率、粪便管理方式、环境条件、温度等有关。有研究指出，温度是影响粪便管理系统中 N_2O 排放的重要因素之一，奶牛粪便的温室气体排放速率随温度的升高而升高。另外蓄粪池的水特性、粪水停留时间、风速、覆盖、搅拌频率和降雨等因素都会影响粪便处理过程的温室气体排放。

2）农业土壤氧化亚氮排放

农业生产过程中的土壤添氮增加了 N_2O 的排放量，如施肥、将豆类和苜蓿等固氮作物的残留物遗留在土壤中等种植活动；将牲畜废弃物散布在农田和牧场上，通过放牧牲畜直接堆放废弃物等处理方式。

3）农业氮肥施用导致的氧化亚氮间接排放

氨和氮氧化物的挥发与大气沉降将产生氮的间接添加效应，上述含氮物质来自肥料和牲畜粪便的农田施用，及其所产生的含氮地表径流和淋溶。

农业土壤中的 N_2O 排放是在微生物的硝化和反硝化过程中产生的，如图 2-4 所示。硝化过程和反硝化过程是农田土壤氮素循环的两个重要过程，也是导致土壤 N_2O 排放的决定性过程。基于对硝化和反硝化过程的理解，研究人员提出了 N_2O 和一氧化氮（NO）产生与排放的概念模型（HIP 模型），该模型

加深了人们对土壤 N_2O 排放的理解。在此基础上，人们得出了硝化和反硝化作用的一般过程：硝化过程是通过亚硝化微生物和硝化微生物把土壤中的铵态氮分两步转化成硝态氮化合物，第一步先由 NH_4^+ 氧化成 NO_2^-（亚硝化作用），然后 NO_2^- 再化成 NO_3^-（硝化作用），期间生成 N_2O 和 NO。反硝化过程基本上是硝化过程的逆向反应，它是在厌氧条件下发生的，由反硝化微生物参与完成。硝化和反硝化过程都会有 N_2O 产生。

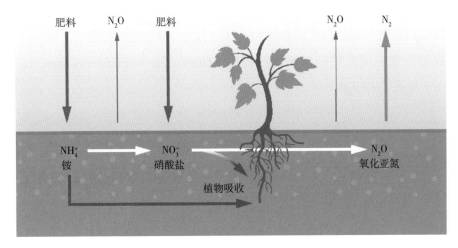

图 2-4　农业土壤中的硝化与反硝化过程

2. 废水处理领域氧化亚氮排放途径

废水处理领域是 N_2O 主要的人为排放源之一，不同废水处理厂的 N_2O 释放因子（N_2O 排放量 /N 负荷）相差较大。有研究指出，在大规模城镇废水处理厂的污水脱氮过程中，可能有 0 ~ 14.6% 的氮转化为 N_2O 释放。这导致人们对废水厂 N_2O 排放量占全球 N_2O 总排放量中所占的比重产生了分歧。IPCC 2007 年的数据认为此部分比重为 1.2%，而美国环保局（USEPA）2006 年的报告则认为该比例为 3%。随着各国环保部门对废水氮排量控制的日益严格，越来越多的废水厂已经实现脱氮工序，这可能导致 N_2O 排放量进一步呈上升趋势。研究表明，在 1990—2015 年间，全球废水厂的间接 N_2O 排放量增加了

69%。[12] 在污水和固体废弃物处理过程中，无论是城镇污水还是工业废水，含有氨氮的污水在进行脱氮处理时，以及污水处理厂的含氮尾水进入到城市绿地、林地和水生态系统中时，均存在四种产生 N_2O 的途径：

1）好氧氨氧化菌的亚硝化作用

硝化作用一般由两类不同的菌完成：在好氧条件下，好氧氨氧化菌先把氨氧化为亚硝酸盐，即亚硝化作用；再由亚硝酸盐氧化菌将亚硝酸盐氧化为硝酸盐。在亚硝化过程，好氧氨氧化菌的直接电子供体是氨气（NH_3），而不是 NH_4^+。如图 2–5 所示，NH_3 先在跨膜蛋白氨单加氧酶（*Ammoniamonooxygenase*，*AMO*）的作用下在胞内生成羟胺（NH_2OH）；NH_2OH 由细胞膜内转移到膜外，并在位于细胞周质的羟氨氧化还原酶（*Hydroxylamineoxidoreductase*，*HAO*）作用下生成亚硝酸盐。

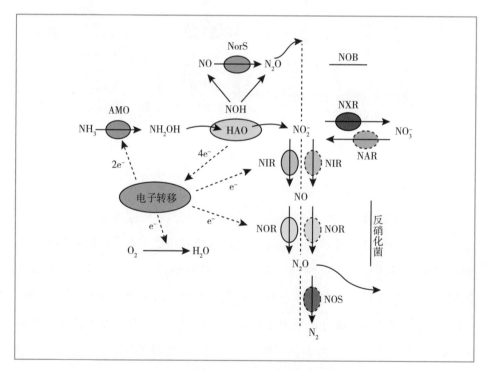

图 2-5　废水处理硝化与反硝化过程

2）短程反硝化途径

好氧氨氧化菌不仅能产生亚硝化作用所需要的酶，而且还能诱导产生部分反硝化酶：亚硝酸盐还原酶（Nitritereductase，NIR）和一氧化氮还原酶。目前人们普遍认为好氧氨氧化菌的反硝化作用（即其体内 NO_2^- 的还原）是好氧硝化过程产生 N_2O 的主要途径，而 NH_3 的氧化过程仅产生少量的 N_2O。此外，研究也证实在活性污泥曝气池中，N_2O 的主要排放源是好氧氨氧化菌的反硝化。在溶解氧（DO）浓度较低条件下，好氧氨氧化菌的反硝化作用较为显著。

3）异养反硝化作用

异养反硝化作用是废水处理中最普遍的反硝化作用，异养反硝化菌在缺氧条件下利用反硝化酶系将 NO_3^- 或 NO_2^- 经 NO 和 N_2O 还原成 N_2。N_2O 是异养反硝化过程中不可逾越的中间产物。当环境由缺氧变为有氧时，N_2O 还原酶立即失去活性，而其他反硝化酶仍可维持数小时的活性，从而有利于 N_2O 的积累。另一方面，N_2O 还原酶的诱导产生也较其他反硝化酶滞后，这也有利于环境由有氧恢复到缺氧时 N_2O 的暂时积累。由于 N_2O 在水中具有一定的溶解度（1.13 g/L，25℃，100 kPa），只有经过曝气吹脱才能使溶解态 N_2O 大量释放出来，所以 N_2O 排放绝大多数发生在曝气单元。如果积累 N_2O 的混合液流入好氧池中，N_2O 将很快被吹脱至大气中，造成 N_2O 释放。

4）其他途径

某些反硝化菌在好氧条件下也能进行反硝化作用，这个过程称为好氧反硝化。好氧反硝化也要利用反硝化酶系将 NO_3^- 或 NO_2^- 经 NO 和 N_2O 还原成 N_2，所以好氧反硝化产生 N_2O 的途径也与缺氧反硝化类似。有研究发现，好氧反硝化菌产生的 N_2O 的量低于传统的缺氧反硝化菌产生的量。

从实验数据来看，污水处理过程中影响 N_2O 排放的因素主要是温度、曝气方式和溶解氧浓度。此外，微生物的种群结构、水力停留时间、C/N 等工艺参数也会影响 N_2O 的排放。一般来说，在夏季温度较高时，N_2O 排放量比较大，而在冬季，由于温度下降，N_2O 排放量明显降低。这是由于水温影响微生物的活性，从而影响 N_2O 的产生和排放。

3. 燃烧及其他工业领域氧化亚氮排放

与农业领域相比，工业领域排放的 N_2O 的量相对较少，工业 N_2O 减排的技术难度也较小。在工业生产中，N_2O 主要来源于硝酸、脂肪酸（如己二酸）、己内酰胺、丙烯腈等生产过程。

1）工业制备硝酸过程

工业中，硝酸的生产工艺通常是以氨为原料，通过 NH_3 接触氧化和 NO 吸收两步实现硝酸合成，而氨吸收氧化过程中往往伴随副反应，如图 2-6 所示。反应过程如下：

$$4NH_3+5O_2 \rightarrow 4NO+6H_2O \tag{2-1}$$

$$2NO+O_2 \rightarrow 2NO_2 \tag{2-2}$$

$$3NO_2+H_2O \rightarrow 2HNO_3+NO \tag{2-3}$$

$$4NH_3+3O_2 \rightarrow 2N_2+6H_2O（副反应）\tag{2-4}$$

$$4NH_3+4O_2 \rightarrow 2N_2O+6H_2O（副反应）\tag{2-5}$$

$$2NH_3+8NO \rightarrow 5N_2O+3H_2O（副反应）\tag{2-6}$$

与此同时，硝酸生产的中间产物 NO 易于在高压和 30～50℃的温度范围内分解为 N_2O 和二氧化氮（NO_2）。N_2O 的生成量取决于燃烧条件（压力、温度）、催化剂成分和老化程度（使用时间）以及氧化炉的设计。硝酸生产工艺不同，N_2O 的排放状况也会不同；在同一个氧化炉的不同生产周期，N_2O 的排放状况也不尽相同。

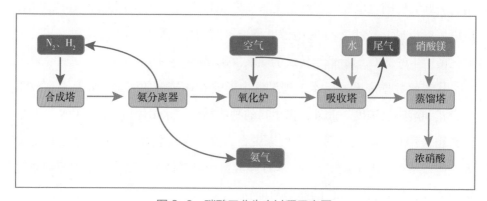

图 2-6　硝酸工业生产过程示意图

2）工业制备己二酸过程

己二酸生产过程及其相关行业是 N_2O 的另一个主要排放源。1991 年，科学家们便指出，全球的己二酸生产可能导致大气层中 N_2O 含量增长 10%。尽管当时并没有出台相关法律法规以控制 N_2O 排放，但随着人们环保意识的日益加强，众多己二酸生产商组成了联盟发展 N_2O 处理技术。己二酸的工业生产方法以苯完全氢化制 KA 油硝酸氧化法为主，其过程产生大量尾气，主要为 N_2O、NO、NO_2、CO_2 等，其中对环境影响最大的是 N_2O，其在废气中的体积含量约为 38%，生成机理如下所示。N_2O 的排放量取决于己二酸生产过程的产生量以及减排过程中去除的量，其过程排放会随采用的排放控制级别有明显差异。

$$(CH_2)_5CO+(CH_2)_5CHOH+wHNO_3 \rightarrow HOOC(CH_2)COOH+xN_2O+yH_2O \quad （2\text{-}7）$$

$$（2\text{-}8）$$

2.1.3　含氟气体排放途径

含氟气体的排放主要来源于人为活动，既包括生产、储运环节中泄漏、排空等造成的逃逸排放，也包括企业和居民在使用端引起的排放，涉及电力传输和分配设备制造、电子产品制造、金属冶炼生产、化工原料和半导体生产、空调制冷等许多细分行业[30-32]。本节重点以 HFCs、PFCs、SF_6 和 NF_3 为例，对含氟气体的排放途径进行介绍。

1. 氢氟碳化物排放途径

HFCs 于 20 世纪 80 年代末由发达国家率先使用，主要用作制冷剂、发泡剂、灭火剂、气雾剂和化工产品原料。《基加利修正案》中明确了 18 种受控 HFCs 清单，其中我国生产使用较多的有 9 种，其排放主要来源于工业生产和储运过程中的逃逸排放，如副产排放、工业生产和储运泄漏排放、设备寿命期处置排放；以及使用端排放，如充注、使用周期排放、作为 ODS 替代物的排放。以下选择几例代表性的 HFCs 进行简要介绍。

三氟甲烷（HFC-23）是基础性化工原料一氯二氟甲烷（简称为 HCFC-22，化学式 $CHClF_2$，别名氟利昂）生产过程中产生的副产物。我国 HCFC-22 主要是以 $SbCl_5$ 为催化剂，由无水氢氟酸（HF）和三氯甲烷（$CHCl_3$）在反应釜中连续反应所得，其反应方程式为[30]：

$$2HF+CHCl_3 \rightarrow CHClF（HCFC-22）+2HCl \qquad （2-9）$$

反应过程中会发生副反应，生成副产品 HFC-23 反应方程式如下：

$$3HF+CHCl_3 \rightarrow CHF（HFC-23）+3HCl \qquad （2-10）$$

HFC-23 由于没有毒性，作为废气常不经处理直接排放到大气中。发达国家通过使用改进的 HCFC-22 生产工艺，可将副产率控制在 1.5%～3%。目前副产的 HFC-23 主要采用焚烧分解的方式来进行处置。

作为消耗臭氧层物质（ODS），如氯氟烃（CFCs）和含氢氯氟烃（HCFCs）等的替代品，HFCs 在全球的消费量和排放量随着《蒙特利尔议定书》和《基加利修正案》的推进而显著增长。如在制冷空调行业中，HFC-152a 是小型汽车空调的制冷剂替代物，具有成本低、效率高、节省燃料、可在减速过程中制冷等优势；而 HFC-32 则是房间空调制冷剂的替代品，是一种轻微可燃的制冷剂，制冷性能较好，因而在日本、欧美等国家及地区已经市场化[31, 32]。HFCs 的这些用途不可避免地会带来使用中的逃逸排放以及使用完成后的处置排放，显然，高分散的使用源会大幅增加管控和减排的难度。

2. 全氟化碳排放途径

按照《联合国气候变化框架公约》，PFCs 主要包括 C_2F_6、CF_4 等。PFCs 是氟原子替代碳氢化合物中所有氢原子而形成的氟碳化合物，其分子结构可以是线性、环状或稠环。更广泛意义上的 PFCs 还包括氟与硫、氮等元素组成的化合物以及含有碳氟官能团的化合物。

根据《2006 年 IPCC 指南》，PFCs 的主要排放源为电解铝生产和半导体制造，此外还包括集成电路与 TFT 平板显示器的制造排放，以及光电流、电力设备的制造、使用和处理排放。其中，电解铝生产是最大的 PFCs 排放源，占比 95% 以上。正常条件下，电解液中的氧化铝（Al_2O_3）被还原成铝，而氧气被氧化，与碳阳极发生反应生成 CO。然而，当电解液中 Al_2O_3 浓度低于 2% 时，碳阳极表面的含氧离子浓度也会迅速降低，造成阳极过电位和槽电压迅速增加（一般达到 25 V ~ 35 V），此现象被称为"阳极效应"。当阳极效应发生时，碳阳极会直接跟溶剂冰晶石解离出来的氟发生反应，生成 PFCs。具体反应方程式如下所示[30]：

$$4Na_3AlF_6+3C_3 \rightarrow 3CF_4+12NaF+4Al \qquad （2-11）$$

$$2Na_3AlF_6+2C \rightarrow C_2F_6+6NaF+2Al \qquad （2-12）$$

3. 六氟化硫排放途径

SF_6 的排放主要来自电力、电子、冶金铸造等行业中 SF_6 的使用过程以及 SF_6 的生产过程。中国半导体生产和镁冶炼行业已经基本停止使用 SF_6 气体，电力行业（即电力传输和分配设备）因而成为 SF_6 的主要排放源。电力行业中，由于 SF_6 主要用于电气绝缘和电流断开的设备，例如煤气绝缘开关设备、变电站（GIS）以及煤气电路断路器（GCB）、高压煤气绝缘线路（GIL）、户外煤气绝缘仪器变压器和其他设备等，故其排放出现在设备生命周期的每个阶段，包括制造、安装、使用、维修和最后处置等[33]。电子行业中，SF_6 的排放主要来源于半导体蚀刻、光纤的制造及大型液晶面板和薄膜等半导体光伏产品的生产。冶金铸造行业中，SF_6 通常作为保护气体使用，以防止金属的氧化，所以 SF_6 的排放来源于其作为保护气体使用时的泄漏和排放，以及 SF_6 生产过程中的逃逸排放。

4. 三氟化氮排放途径

NF_3 作为最新纳入管控范围的非二氧化碳温室气体，人们对 NF_3 的研究和观测尚处于早期阶段，因此多数国际权威数据库并未将其纳入统计范围。

NF_3 的主要生产途径有化学氟化和电解法，前者是指 NH_3 与氟气（F_2）反应制备 NF_3 粗品，其优点在于反应过程中不产生爆炸性气体，生产比较安全。

其缺点是反应过程不易控制，杂质含量比较多，工艺设备复杂，且副产物多、难以提纯；后者是指电解熔融的氟化氢铵（NH_4HF_2）制备 NF_3 粗品，这种方法的优势在于设备生产成本低、产品收率高，但由于 F_2 不能充分利用，会造成环境污染，且工艺有爆炸的危险性，会造成阳极材料的腐蚀。显然，在生产和储运过程中，这种方法会存在泄漏等原因造成的逃逸排放。

NF_3 的纯度对生产的半导体元件质量至关重要，即使其杂质浓度低至 10^{-6}，也会导致刻蚀线变宽，减少元件的信息储存量，所以用于元器件生产的 NF_3 需要经过高度纯化。目前 NF_3 的纯化方法主要有三类：精馏法、冷阱法和吸附法。精馏法提纯 NF_3 的过程包括蒸发及气液分离收集；冷阱法是利用 NF_3 与杂质的沸点差异实现分离；吸附法一般使用层析柱对 NF_3 进行吸附和脱吸提纯。由于生产工艺通常做不到严格控制设备气密性，因此常存在 NF_3 泄漏的情况。

目前对 NF_3 需求拉动最大的是半导体产业和面板产业。NF_3 在其中主要有三种用途，一是作为高能化学激光气的氟源；二是作为电子工业中的蚀刻气体、清洗剂；三是应用于太阳能光电产业。NF_3 的其他用途还有：用于生产全氟铵盐；被用作填充气体以增加灯泡的寿命和亮度；在采矿和火箭技术中被用作氧化剂等。在多数应用场景中，由于人们对使用后废气的捕集和回收尚不完全，因而对 NF_3 使用排放的管控也较为困难。

2.2　非二氧化碳温室气体排放现状

据 IPCC 的报告，自 1750 年以来，由于人类活动，全球非二氧化碳温室气体浓度已明显增加，目前的浓度已经远远超出了根据冰芯记录测定的工业化前几千年的浓度。数据表明，1970—2019 年期间，全球非二氧化碳温室气体排放总量持续上升，如图 2-7 和表 2-2 所示。尽管世界各国陆续出台了气候变化减缓政策，但在 1990—2019 年期间，CH_4 和含氟气体等非二氧化碳温室气体排放量仍在升高，仅 N_2O 排放量在 2019 年有所降低。其中，1990 年 CH_4、N_2O 和含氟气体的排放量分别为 7 980 Mt CO_2-eq、1 900 Mt CO_2-eq 和 380 Mt CO_2-eq，而 2019 年 CH_4、N_2O 和含氟气体排放量分别为 10 620 Mt CO_2-eq、2 360 Mt CO_2-eq 和 1 180 Mt CO_2-eq，这三类气体排放量的增长率分别为 33.0%、24.2% 和 210.5%。显然，从 1990 年到 2019 年，CH_4、N_2O 和含氟气体中，含氟气体排放量的增长率最高，而其他两类气体由于排放量基数大，其增长率仍不可小视[4]。

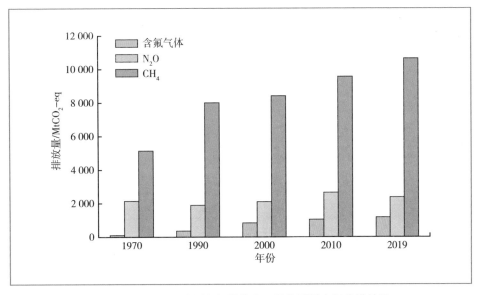

图 2-7　1970—2019 年部分非二氧化碳温室气体排放量

表 2-2　1970—2019 年部分非二氧化碳温室气体排放量

年份	非二氧化碳温室气体排放量（MtCO₂-eq）		
	CH_4	N_2O	含氟气体
1970	5 130	2 133	118.8
1990	7 980	1 900	380
2000	8 400	2 100	840
2010	9 540	2 650	1 060
2019	10 620	2 360	1 180

根据我国气候变化第二次两年更新报告公布的数据（表 2-3）[7]，2014年我国温室气体排放总量（包括 LULUCF）为 111.86 亿 t CO_2-eq，其中 CO_2、CH_4、N_2O、含氟气体（HFCs、PFCs 和 SF_6）排放量分别为 91.24 亿、11.61 亿、6.10 亿、2.91 亿 t CO_2-eq，所占比重分别为 81.6%、10.4%、5.4%、2.6%。土地利用、土地利用变化和林业的温室气体吸收汇为 11.15 亿 t CO_2-eq，如不考虑温室气体吸收汇，温室气体排放总量为 123.01 亿 t CO_2-eq，其中 CO_2、CH_4、N_2O、含氟气体（HFCs、PFCs 和 SF_6）排放量分别为 102.75 亿、11.25 亿、6.10 亿、2.91 亿 t CO_2-eq，所占比重分别为 83.5%、9.1%、5.0%、2.4%。

表 2-3　2014 年我国温室气体总量（单位：亿 t CO_2-eq）

	CO_2	CH_4	N_2O	HFCs	PFCs	SF_6	合计
能源活动	89.25	5.20	1.14	–	–	–	95.59
工业生产活动	13.3	<0.005	0.96	2.14	0.16	0.61	17.18
农业活动	–	4.67	3.63	–	–	–	8.3
废弃物处理	0.2	1.38	0.37	–	–	–	1.95
土地利用、土地利用变化和林业	−11.51	0.36	<0.005	–	–	–	−11.15
总量（不包括 LULUCF）	102.75	11.25	6.10	2.14	0.16	0.61	123.01
总量（包括 LULUCF）	91.24	11.61	6.10	2.14	0.16	0.61	111.86

注：由于四舍五入，表中各分项之和与总计可能有微小的出入。

我国在第一次、第二次和第三次国家信息通报以及第一次两年更新报告中提交了 1994 年、2005 年、2010 年和 2012 年的国家温室气体清单。

在不包括土地利用变化和林业的情况下，1994 年我国 CH_4 和 N_2O 排放量分别为 7.20 亿和 2.64 亿 t CO_2-eq（未计算含氟气体排放量）；2005 年我国 CH_4、N_2O 和含氟气体排放量分别为 10.09 亿、5.00 亿、1.25 亿 t CO_2-eq，CH_4 和 N_2O 排放量较 1994 年分别增长了 40% 和 89%；2010 年我国 CH_4、N_2O 和含氟气体排放量分别为 11.27 亿、5.47 亿、1.63 亿 t CO_2-eq，较 2005 年分别增长

了 12%、9% 和 30%。2012 年我国 CH_4、N_2O 和含氟气体排放量分别为 11.74 亿、6.38 亿和 1.90 亿 t CO_2-eq，较 2010 年分别增长了 1%、17% 和 17%。2014 年我国 CH_4、N_2O 和含氟气体排放量分别为 11.25 亿、6.10 亿和 2.91 亿 t CO_2-eq，CH_4 和 N_2O 的排放量相比于 2012 年均下降了 4%，含氟气体排放量相比于 2012 年增长了 53%。

在农业活动方面，2014 年我国农业活动温室气体排放量为 8.30 亿 t CO_2-eq，其中动物肠道排放 2.07 亿 t CO_2-eq，占 24.9%；动物粪便管理排放 1.38 亿 t CO_2-eq，占 16.7%；水稻种植排放 1.87 亿 t CO_2-eq，占 22.6%；农业排放 2.88 亿 t CO_2-eq，占 34.7%；农业废弃物田间焚烧排放 0.09 亿 t CO_2-eq，占 1.1%。从气体种类构成看，CH_4 排放 2 224.5 万 t，其中动物肠道排放占 44.3%，动物粪便管理排放占 14.2%，水稻种植排放占 40.1%，农业废弃物田间焚烧排放占 1.4%；N_2O 排放 117.0 万 t，其中动物粪便管理排放占 19.9%，农业排放占 79.5%，农业废弃物田间焚烧排放占 0.6%。

在能源活动方面，2014 年我国能源活动的温室气体排放量为 95.59 亿 t CO_2-eq，其中燃料燃烧排放 90.94 亿 t CO_2-eq，占 95.1%；逃逸排放 4.65 亿 t CO_2-eq，占 4.9%。从气体种类构成来看，CO_2 排放 89.25 亿 t，全部来自化石燃料燃烧；CH_4 排放 2 475.7 万 t，其中化石燃料燃烧排放占 10.6%，逃逸排放占 89.4%；N_2O 排放 36.7 万 t，全部来自化石燃料燃烧。

在废弃物处理方面，2014 年我国废弃物处理温室气体排放量为 1.95 亿 t CO_2-eq，其中固体废弃物处理排放 1.04 亿 t CO_2-eq，占 53.2%；废水处理排放 0.91 亿 t CO_2-eq，占 46.8%。从气体种类构成看，CO_2 排放 0.20 亿 t，全部来自废弃物焚烧处理排放；CH_4 排放 656.4 万 t，其中固体废弃物处理排放占 58.5%，废水处理排放占 41.5%；N_2O 排放 12.0 万 t，其中固体废弃物处理排放占 7.9%，废水处理排放占 92.1%。

在工业生产活动方面，2014 年我国工业生产活动的温室气体排放量为 17.18 亿 t CO_2-eq，其中非金属矿物制品排放 9.15 亿 t CO_2-eq，占 53.3%；化学工业排放 2.38 亿 t CO_2-eq，占 13.9%；金属冶炼排放 2.88 亿 t CO_2-eq，占

16.8%；卤烃和SF_6生产排放 1.50 亿 t CO_2-eq，占 8.7%；卤烃和SF_6消费排放 1.26 亿 t CO_2-eq，占 7.3%。从气体种类构成看，CO_2排放 13.30 亿 t，其中非金属矿物制品排放占 68.8%，化学工业排放占 10.7%，金属冶炼排放占 20.5%；CH_4排放 0.6 万 t，全部来自金属冶炼；N_2O排放 31.1 万 t，全部来自化学工业；HFCs 排放 2.14 亿 t CO_2-eq，其中卤烃和SF_6生产排放占 70.1%，消费排放占 29.9%；PFCs 排放 0.16 亿 t CO_2-eq，其中金属冶炼排放占 95.6%，卤烃和SF_6生产、消费排放各占 0.3%、4.1%；SF_6排放 0.61 亿 t CO_2-eq，全部来自卤烃和SF_6消费排放。

上述四个部门排放量，占 2014 年我国温室气体总排放量（不包括 LULUCF）的比重分别为 77.7%、14.0%、6.7% 和 1.6%，如图 2-8 所示。其中能源活动是我国温室气体的主要排放源。

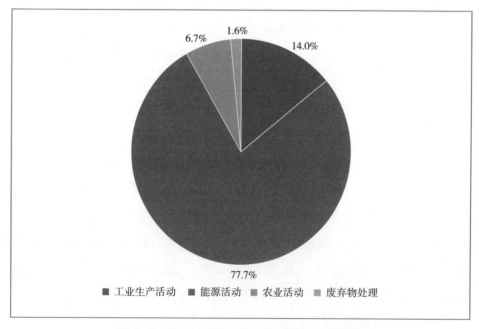

图 2-8　2014 年我国不同部门温室气体排放量

2.3　小结

非二氧化碳温室气体的管控已成为全球关注的重点，各国采取更严格的监管措施和展开更广泛的国际协作也成了当前趋势。仅在 2021 年，中共中央、国务院就数次做出了管控非二氧化碳温室气体的指示。我国也通过加入《基加利修正案》、发表多国联合声明等一系列途径向全世界做出了管控非二氧化碳温室气体的庄严承诺。作为加强监管和有效减排的前提条件，清楚地了解非二氧化碳温室气体的排放途径与现状势在必行。这既是我国的迫切需求，也是《京都议定书》等一系列气候协议的要求。

非二氧化碳温室气体的排放途径整体呈现"点多面广"的特点，涉及能源、农业、废弃物处理、工业等诸多行业。散布的排放源给管控和减排的落实带来了很大的挑战，部分排放源（如农田）面积大、开放度高，使得后捕集等"兜底"的减排技术难以适用，提高了减排技术门槛。目前我们对 CH_4 与 N_2O 的排放途径研究得较为充分，部分关键结论在行业内取得了共识，并在此基础上制定出了较为行之有效的减排策略。而含氟气体由于细分种类繁多、生产应用场景比较类似，人们对它的认知也处于不断地发展变化之中，因而我们对其排放途径介绍得较为宏观，尚未细化到具体的气体，对已有的排放处理方式研究较少，减排思路也多以政策控制和新物质替代为主。

与 CO_2 相比，非二氧化碳温室气体的排放数据较少，数据质量和监测成熟度也不高。在三大类非二氧化碳温室气体中，人们对 CH_4 的关注较多，其排放数据相对完整，在欧盟、美国等多个数据库中均有较完整的记录，也报道了分部门、分国别等多种归纳方式，但各数据库之间的统计结果相差较大，对可信度有一定的影响。N_2O 的排放数据也比较完整，但其排放数据时常与 NO_2、NO 等其他氮氧化物归于一类，尚需更加精准的辨识；且 N_2O 的部分排放环节长期以来并未得到重视，还需更完整的监测体系（如污水收集过程中的化粪池和污水管网的排放监测等）。含氟气体的排放正在逐步受到关注，目前其数据不算完备，监测网络尚未形成，较多的气体种类也使得每种细分气体的排放数据难以具体统计，造成部分气体（如 HFC-23）各国报告的排放数据与大气监测数据存在较大的误差。

在我国行业种类繁多、经济发展迅猛的国情下，我们对非二氧化碳温室气体排放途径和现状的认识不足将会给排放监管和减排落实带来不小的阻碍。因此，建立健全成熟的非二氧化碳温室气体排放报告与管控体系将成为下阶段的重点，这有望为非二氧化碳温室气体排放交易和市场调控机制的引入准备条件。当然，这也会对相应的核算和检测监测技术提出较高要求，本书将在第 3 章中进行详述。

第 3 章

非二氧化碳温室气体
排放核算与检测监测

3.1　非二氧化碳温室气体排放核算

非二氧化碳温室气体排放核算与报告是摸清排放底数和量化减排成效的基础。目前，国际上普遍基于 IPCC 温室气体清单编制方法学进行核算量化，针对不同层面、不同边界的温室气体排放，明确具体核算规则。我国以 IPCC 方法为基础，建立了国家、行业、省级温室气体排放核算规范体系。鉴于非二氧化碳温室气体排放核算应遵循温室气体排放核算的一致规则，3.1.1 节将统一介绍温室气体排放核算方法，3.1.2 节—3.1.4 节将分别介绍 CH_4、N_2O 和含氟气体的排放核算方法。

3.1.1　温室气体排放核算

1. IPCC 温室气体排放核算方法

1996 年，IPCC 发布首版《1996 年 IPCC 国家温室气体清单指南（修订版）》（以下简称《1996 年 IPCC 指南》），被《联合国气候变化框架公约》（UNFCCC）采纳为缔约方温室气体排放核算与报告的统一方法。经过多次修订和补充完善，2006 年，IPCC 发布了《2006 年 IPCC 国家温室气体清单指南》（以下简称《2006 年 IPCC 指南》），此版本涵盖了碳排放的主要人为源，并充分考虑了部门间的交叉和重复，成为影响力较大的一个版本。2019 年，包括我国在内的127 个国家在 IPCC 第 49 次全会上通过了《2006 年 IPCC 国家温室气体清单指南 2019 修订版》（以下简称《2019 年 IPCC 指南》），进一步对《2006 年 IPCC 指南》进行了更新完善。

温室气体排放核算的通用规则是，排放量等于活动水平与排放因子的乘积。IPCC 使用层级的概念来区别具体计算方法在评估排放因子时的复杂度。

IPCC 指南给出了三个层级的估算方法，分别为第一层级方法（Tier 1）、第二层级方法（Tier 2）和第三层级方法（Tier 3）。

第一层级方法是基本的估算方法，主要基于已知统计数据得到的缺省排放因子，因此所有国家均可使用，但具有较大的不确定性。

第二层级方法是 IPCC 鼓励采用的估算方法。此方法需要进行数据实测，以推算本国或地区特有排放因子，能够较为客观地接近该国家或地区实际的排放特征。

第三层级方法需要通过测量拟合获得动态排放因子，使用更复杂的方法与模型。该方法能考虑到年际和空间变化，并对未来排放趋势做出预测，但计算方法复杂、数据需求量更大。IPCC 强调参数的本地化，鼓励各国采用高层级的方法进行核算。

2. 我国温室气体排放核算方法

我国温室气体排放核算方法主要参考 IPCC 方法指南，目前已形成国家、行业和省级温室气体排放核算规范。

1）国家温室气体清单编制情况

我国是《联合国气候变化框架公约》（以下简称《公约》）非附件一缔约方。按照《公约》要求，我国分别于 2004 年、2012 年、2016 年、2018 年提交了三份国家信息通报（《中华人民共和国气候变化初始国家信息通报》《中华人民共和国气候变化第二次国家信息通报》《中华人民共和国气候变化第三次国家信息通报》）和两份两年更新报告（《中华人民共和国气候变化第一次两年更新报告》《中华人民共和国气候变化第二次两年更新报告》）。这些通报和报告全面阐述了我国应对气候变化的主要政策与行动，并提供了 1994 年、2005 年、2010 年、2012 年和 2014 年温室气体各种排放源和吸收汇的国家清单。

以《中华人民共和国气候变化第三次国家信息通报》为例，我国国家温室气体清单编制方法主要参照《1996 年 IPCC 指南》，并参考了《2006 年 IPCC 指南》制定。清单编制和报告范围包括能源活动，工业生产活动，农业活动，土地利用、土地利用变化与林业，废弃物处理等五个部门，与 IPCC 的划分一致。国家清单中的关键排放源尽量采用了高层级的计算方法（Tier2 或 Tier3），对于技术数据获取难度大的排放源，采用 Tier1 方法，并通过累计相关数据，逐步转向更高层级方法。

2）行业企业温室气体排放核算方法

根据《国民经济和社会发展第十二个五年规划纲要》中提出的关于"建立完善温室气体排放统计核算制度，逐步建立碳排放交易市场"的要求，以及《"十二五"控制温室气体排放工作方案》提出的"构建国家、地方、企业三级温室气体排放基础统计和核算工作体系。实行重点企业直接报送能源和温室气体排放数据制度"的要求，国家发展和改革委员会（以下简称国家发改委）牵头编制并发布了 24 个重点行业企业温室气体排放核算方法与报告指南，成为指导行业企业的主要文件。

2013 年、2014 年和 2015 年，国家发改委分别发布第一批涉及发电行业等 10 个行业、第二批涉及石油和天然气生产行业等 4 个行业和第三批涉及机械设备制造行业等 10 个行业企业温室气体核算方法与报告指南（试行），行业企业名录如表 3-1 所示。基于 24 个行业企业的不同排放特征，各指南参考借鉴了国内外相关研究成果和实践经验，具体明确了其适用范围、核算边界、核算方法、质量保证以及企业温室气体排放报告的基本框架，在方法上力求科学性、完整性、规范性和可操作性。

表 3-1　24 个行业企业名录

批次	行业企业
第一批	发电；电网；钢铁生产；化工生产；电解铝生产；镁冶炼；平板玻璃生产；水泥生产；陶瓷生产；民航
第二批	石油和天然气生产；石油化工；独立焦化；煤炭生产
第三批	造纸和纸制品生产；其他有色金属冶炼和压延加工工业；电子设备制造；机械设备制造；矿山企业；食品；烟草及酒、饮料和精制茶；公共建筑运营；陆上交通运输；氟化工；工业及其他行业

3）省级温室气体清单编制指南

2010 年，国家发改委发布了《关于启动省级温室气体排放清单编制工作有关事项的通知》，要求各地制定工作计划和编制方案，组织好温室气体清单编制工作。2011 年，国家发改委办公厅发布了《省级温室气体清单编制指南（试行）》（以下简称《省级清单指南》）。《省级清单指南》由国家发改委能源研究所、清华大学、中国科学院大气物理研究所、中国农业科学院环发所、中国林业科学研究院森环森保所、中国环境科学研究院气候中心等单位专家编写，明确了能源活动、工业生产过程、农业、土地利用变化和林业、废弃物处理等 5 大领域的具体清单编制方法，并对不确定性及质量保证和质量控制进行说明，为编制方法科学、数据透明、格式一致、结果可比的省级温室气体清单提供了有益指导。

3.1.2　甲烷排放核算

1. 煤炭行业甲烷排放核算

1）排放源

煤炭企业 CH_4 排放主要是 CH_4 的逃逸排放，包括井工开采、露天开采、矿后活动和废弃矿井等排放源。

2）计算方式

煤炭企业 CH_4 排放主要为 CH_4 的逃逸排放。计算方式如下：

$$E_{CH_4} = E_{CH_4-逃逸} \times GWP_{CH_4} \qquad (3-1)$$

$$E_{CH_4-逃逸} = E_{CH_4-井工} + E_{CH_4-露天} + E_{CH_4-矿后} + E_{CH_4-废矿} \qquad (3-2)$$

式中，E_{CH_4} 为企业 CH_4 排放总量，单位为 $t\,CO_2\text{-eq}$；$E_{CH_4-逃逸}$、$E_{CH_4-井工}$、$E_{CH_4-露天}$、$E_{CH_4-矿后}$ 和 $E_{CH_4-废矿}$ 分别为 CH_4 逃逸排放量、井工开采的 CH_4 逃逸排放量、露天开采的 CH_4 逃逸排放量、矿后活动的 CH_4 逃逸排放量和废弃矿井的 CH_4 排放量，单位为 $t\,CH_4$；GWP_{CH_4} 为 CH_4 相比 CO_2 的 GWP 值。

2. 石油天然气行业甲烷排放核算

1）排放源

石油和天然气企业 CH_4 排放包括：火炬燃烧排放、工艺放空排放和 CH_4 逃逸排放。工艺放空排放是石油天然气生产各环节通过工艺装置泄放口或安全阀有意释放到大气中的 CH_4 排放。CH_4 逃逸排放是石油天然气生产各环节由于设备泄漏产生的无组织 CH_4 排放。

2）计算方式

石油和天然气生产企业 CH_4 排放总量等于火炬燃烧排放量，加上各个业务环节工艺放空排放量和逃逸排放量之和，再减去企业的 CH_4 回收利用量。非二氧化碳温室气体应按 GWP 值，折算成 CO_2-eq。计算方式如下：

$$E_{CH_4}= \left[E_{CH_4-火炬} + \sum_s \left(E_{CH_4-工艺} + E_{CH_4-逃逸} \right)_s - R_{CH_4-回收} \right] \times GWP_{CH_4} \quad （3-3）$$

式中，E_{CH_4} 为企业 CH_4 排放总量，单位为 t CO_2-eq；$E_{CH_4-火炬}$、$E_{CH_4-工艺}$ 和 $E_{CH_4-逃逸}$ 分别为企业因火炬燃烧导致的 CH_4 排放量、企业各业务类型的工艺放空 CH_4 排放量和 CH_4 逃逸排放量，单位为 t CO_2-eq；s 为企业涉及的业务类型，包括油气勘探、油气开采、油气处理、油气储运业务；$R_{CH_4-回收}$ 为企业 CH_4 回收利用量，单位为 t CH_4，GWP_{CH_4} 为 CH_4 相比 CO_2 的 GWP 值。

3. 农业领域甲烷排放核算

1）稻田甲烷排放核算

稻田 CH_4 排放量是该区域不同类型水稻田所产生的 CH_4 排放量总和，计算方式如下：

$$E_{CH_4}=\sum EF_i \times AD_i \times GWP_{CH_4} \quad （3-4）$$

式中，E_{CH_4} 为稻田 CH_4 排放总量；EF_i 为分类型稻田 CH_4 排放因子推荐值（kg/hm^2）；AD_i 为该排放因子的水稻种植面积（hm^2）；下标 i 表示稻田类型，分别指单季稻、双季早稻和双季晚稻；GWP_{CH_4} 为 CH_4 相比 CO_2 的 GWP 值。

稻田 CH_4 排放因子推荐值来源于国家发改委编制的《省级清单指南》，具体排放因子如表 3-2 所示。

表 3-2　各区域稻田 CH_4 排放因子（kg/hm^2）

区域	单季稻	双季早稻	双季晚稻
华北	234.0	–	–
华东	215.5	211.4	224.0
华中和华南	236.7	241.0	273.2
西南	156.2	156.2	171.7
东北	168.0	–	–
西北	231.2	–	–

2）动物肠道发酵甲烷排放核算

（1）排放源

动物肠道发酵 CH_4 排放是指动物在正常的代谢过程中，寄生在动物消化道内的微生物发酵消化道内饲料时产生的 CH_4 排放，肠道发酵 CH_4 排放只包括从动物口、鼻和直肠排出体外的 CH_4 排放，不包括粪便的 CH_4 排放。

（2）计算方式

动物肠道发酵 CH_4 排放量的计算方式如下：

$$E_{CH_4} = \sum_i AP_i \times EF_i \qquad (3-5)$$

式中，E_{CH_4} 为动物肠道发酵 CH_4 排放总量（kg/a）；AP_i 为各类禽畜的数量（头）；EF_i 为各类禽畜的肠道发酵排放因子 [kg/（头·a）]。

3）动物粪便甲烷排放核算

（1）排放源

动物粪便 CH_4 排放是指在畜禽粪便施入土壤之前，动物粪便贮存和处理所产生的 CH_4 排放。根据我国各省畜禽饲养统计数据，动物粪便 CH_4 排放源包括猪、水牛、奶牛、山羊、绵羊、家禽、马、驴、骡和骆驼等粪便 CH_4 排放。

（2）计算方式

计算特定动物粪便管理 CH_4 排放量的方式如下：

$$E_{CH_4,\,i}=EF_i \times AP_i \qquad\qquad （3-6）$$

式中，$E_{CH_4,\,i}$ 为第 i 类动物粪便管理 CH_4 排放总量（kg/a）；AP_i 为第 i 类畜禽的数量（头）。

各种动物粪便管理 CH_4 排放因子计算方式如下：

$$EF_{CH_4,\,ijk}=VS_i \times 365 \times 0.67 \times B_{oi} \times MCF_{jk} \times MS_{ijk} \qquad\qquad （3-7）$$

式中，$EF_{CH_4,\,ijk}$ 为第 i 类禽畜、粪便管理方式 j、气候区 k 的 CH_4 排放因子（kg/a）；VS_i 为第 i 类禽畜每日易挥发固体排泄量（kg）；0.67 为 CH_4 的体积密度（kg/m³）；B_{oi} 为第 i 类禽畜的粪便的最大 CH_4 生成能力（m³/kg）；MCF_{jk} 为粪便管理方式 j、气候区 k 的 CH_4 转换系数，%；MS_{ijk} 为禽畜种类 i、气候区 k、粪便管理方式 j 所占的比例，%。VS_i 是通过调研获得平均日采食能量和饲料消耗率数据，并利用 IPCC 提供的方式，计算得出 B_{oi} 是利用 IPCC 推荐的默认值；MCF_{jk} 是通过调研粪便管理方式和各地的年平均气温确定的。

4. 废弃物处理行业甲烷排放核算

1）城市生活垃圾处理甲烷排放核算

我国城市生活垃圾的处理方式主要有卫生填埋、焚烧和堆肥，这些处理过程均会产生 CH_4。

（1）填埋处理计算方式

基于质量平衡法的生活垃圾填埋处理 CH_4 产气总量计算方式如下：

$$E_{CH_4}=（MSW_T \times MSW_F \times L_0-R）\times （1-OX） \qquad\qquad （3-8）$$

式中，E_{CH_4} 为 CH_4 产气总量，单位为吨（t/a）；MSW_T 为城市生活垃圾总重，单位为吨（t/a）；MSW_F 为垃圾填埋率；L_0 为各类垃圾填埋场的 CH_4 产生潜力；R 为 CH_4 回收量（t/a）；OX 为氧化因子。

各类垃圾填埋场的 CH_4 产生潜力计算方式如下：

$$L_0=MCF \times DOC \times DOC_F \times F \times 16 \times 12 \qquad\qquad （3-9）$$

式中，MCF 指各类管理类型垃圾填埋场的 CH_4 修正因子（比例）；DOC 指可降解有机碳；DOC_F 指可分解的 DOC 比例；F 指垃圾填埋气体中的 CH_4

比例；16/12 指 CH_4/ 碳分子量比率。

（2）焚烧处理计算方式

目前，我国主要的垃圾焚烧技术有机械式焚烧炉和流化床式焚烧炉，两种焚烧炉占比分别约为 51% 和 40%。垃圾焚烧处理的 CH_4 排放量估算方法，参考 IPCC 清单指南，具体计算方式如下：

$$E_{CH_4}=\sum_i (IW_i \times EF_i) \times 10^{-6} \tag{3-10}$$

式中，E_{CH_4} 为焚烧过程中产生的 CH_4 排放量（t/a）；IW_i 为垃圾焚烧处理总量（t/a）；EF_i 为处理手段的排放因子（g/t）；i 代表不同的处理技术。

（3）堆肥处理计算方式

堆肥处理的 CH_4 排放量计算方式如下：

$$E_{CH_4}=\sum (M \times EF) \times 10^{-3}-R \tag{3-11}$$

式中，E_{CH_4} 为每年堆肥过程中产生的 CH_4 排放量（t）；M 为堆肥处理的有机城市生活垃圾数量（t/a）；EF 为堆肥处理的排放因子（g/kg）；R 为计算当年回收的 CH_4 总重（t）。

2）废水处理甲烷排放核算

（1）生活污水处理甲烷排放核算

生活污水处理 CH_4 排放量的计算方式如下：

$$E_{CH_4}=(TOW \times EF)-R \tag{3-12}$$

式中，E_{CH_4} 为生活污水处理 CH_4 排放总量（kg/a）；TOW 为生活污水有机物总量，以生化需氧量（BOD）作为重要的指标（kg/a）；EF 为生活污水有机物 CH_4 排放因子（CH_4 BOD^{-1}）；R 为 CH_4 回收量（kg/a）。如无 BOD 的相关实测数据，可根据各地区 BOD 与化学需氧量（COD）的换算关系，利用 COD 实测数据换算。

排放因子 EF 的估算方式为：

$$EF=B_0 \times MCF \tag{3-13}$$

式中，B_0 为 CH_4 最大生成能力；MCF 为 CH_4 修正因子。

（2）工业废水处理甲烷排放核算

工业废水处理 CH_4 排放量的计算方式如下：

$$E_{CH_4}=\sum_i\left[\left(TOW_i-S_i\right)\times EF_i-R_i\right] \tag{3-14}$$

式中，E_{CH_4} 为工业废水处理 CH_4 排放总量（kg/a）；TOW_i 和 S_i 分别为工业废水中可降解有机物的总量和污泥方式处理的有机物总量，以 COD 含量表示，单位是（kg/a）；i 表示不同的工业行业；EF_i 为排放因子（CH_4 COD^{-1}）；R_i 为 CH_4 回收量（kg/a）。

3.1.3 氧化亚氮排放核算

1. 农业领域氧化亚氮排放核算

1）农业氧化亚氮排放核算

（1）排放源

农业领域 N_2O 排放包括两部分：直接排放和间接排放。直接排放是由农业当季氮输入引起的排放。输入的氮包括氮肥、粪肥和秸秆还田。间接排放包括大气氮沉降引起的 N_2O 排放和氮淋溶径流损失引起的 N_2O 排放。

（2）计算方式

农业 N_2O 排放量等于各排放过程的氮输入量乘以其相应的 N_2O 排放因子，具体计算方式如下：

$$E_{N_2O}=\sum\left(N_{输入}\times EF\right) \tag{3-15}$$

式中，E_{N_2O} 为农业 N_2O 排放总量，包括直接排放和间接排放；$N_{输入}$ 为各排放过程氮输入；EF 为对应的 N_2O 排放因子。

①农业氧化亚氮直接排放

农业氮输入量主要包括化肥氮（氮肥和复合肥中的氮）$N_{化肥}$、粪肥氮 $N_{粪肥}$、秸秆还田氮（包括地上秸秆还田氮和地下根氮）$N_{秸秆}$，计算方式如下：

$$N_2O_{直接}=\left(N_{化肥}+N_{粪肥}+N_{秸秆}\right)\times EF_{直接} \tag{3-16}$$

关于粪肥氮量估算，依据粪肥施用量和粪肥含氮量的数据可获得性，采用下式计算：

$$N_{粪肥} = 粪肥施用量 \times 粪肥平均含氮量 \qquad (3-17)$$

秸秆还田氮量计算方式如下：

$$N_{秸秆} = 地上秸秆还田氮量 \times 地下根氮量$$

$$= \left(\frac{作物子粒产量}{经济系数} - 作物子粒产量 \right) \times 秸秆还田率$$

$$\times 秸秆氮浓度 + \frac{作物子粒产量}{经济系数} \times 冠根比 \times 根或秸秆氮浓度 \qquad (3-18)$$

②农业氧化亚氮间接排放

农业 N_2O 间接排放（$N_2O_{间接}$）源于施肥土壤和畜禽粪便氮氧化物（NO_x）和氨（NH_3）挥发经过大气氮沉降，引起的 N_2O 排放（$N_2O_{沉降}$），以及土壤氮淋溶或径流损失进入水体而引起的 N_2O 排放（$N_2O_{淋溶}$）。

大气氮主要来源于畜禽粪便（$N_{畜禽}$）和农业氮输入（$N_{输入}$）的 NH_3 和 NO_x 挥发，计算方式如下：

$$N_2O_{沉降} = \left(N_{畜禽} \times 20\% + N_{输入} \times 10\% \right) \times 0.01 \qquad (3-19)$$

如果当地没有 $N_{畜禽}$ 和 $N_{输入}$ 的挥发率观测数据，则采用推荐值，分别为 20% 和 10%。排放因子采用 IPCC 的排放因子 0.01。

农田氮淋溶和径流引起的 N_2O 间接排放量计算方式如下：

$$N_2O_{淋溶} = N_{输入} \times 20\% \times 0.0075 \qquad (3-20)$$

其中，氮淋溶和径流损失的氮量按农业总氮输入量的 20% 来估算。

2）动物粪便氧化亚氮排放核算

（1）排放源

动物粪便 N_2O 排放是指在畜禽粪便施入土壤之前动物粪便贮存和处理过程中所产生的 N_2O 排放。根据我国各省畜禽饲养情况和统计数据的可获得性，动物粪便 N_2O 排放源包括猪、非奶牛、水牛、奶牛、山羊、绵羊、家禽、马、驴、骡和骆驼的粪便产生的排放。

（2）计算方式

计算特定动物粪便 N_2O 排放量的方式如下：

$$E_{N_2O,\ i}=EF_i \times AP_i \tag{3-21}$$

式中，$E_{N_2O,\ i}$ 为第 i 类动物粪便 N_2O 排放总量（kg/a）；AP_i 为第 i 类畜禽的数量（头）。

各类动物粪便 N_2O 排放因子计算方式如下：

$$EF_{N_2O}=\sum_j\{\ [\ \sum_i\left(AP_i \times Nex_i+\frac{MS_{(i,j)}}{100}\right)]\times EF_{3,\ j}\}\times 44/28 \tag{3-22}$$

式中，EF_{N_2O} 为第 i 类动物粪便 N_2O 排放量 [kg/（头·a）]；AP_i 为第 i 类畜禽的饲养量（头）；Nex_i 为第 i 类畜禽 N 排泄量 [kg/（头·a）]；$MS_{(i,j)}$ 为粪便管理系统 j 所处理每一种动物粪便的百分数，%；$EF_{(3,j)}$ 为粪便管理系统 j 的 N_2O 排放因子 [（kg·N_2O）/（kg·N）]；j 和 i 分别为粪便管理系统和动物类型。

2. 废水处理领域氧化亚氮排放核算

废水处理领域 N_2O 排放量的估算方式如下：

$$E_{N_2O}=N_E \times EF_E \times 44/28 \tag{3-23}$$

式中，E_{N_2O} 指 N_2O 排放总量（kg/a）；N_E 指废水中的氮含量（kg/a）；EF_E 指废水的 N_2O 排放因子 [（kg·N_2O）/（kg·N）]；44/28 为转换系数。

其中，排放到废水中的氮含量可通过下式计算：

$$N_E=（P \times Pr \times F_{NPR} \times F_{NON-CON} \times F_{IND-COM}）-N_S \tag{3-24}$$

式中，P 指人口数；Pr 指每年人均蛋白质消耗量（kg/a）；F_{NPR} 指蛋白质中的氮含量；$F_{NON-CON}$ 指废水中的非消耗蛋白质因子；$F_{IND-COM}$ 指工业和商业的蛋白质排放因子，默认值为 1.25；N_S 指随污泥清除的氮（kg/a）。

3. 工业领域氧化亚氮排放核算

1）己二酸生成过程氧化亚氮排放核算

己二酸有多种制备工艺，能产生 N_2O 的主要是传统工艺。己二酸生成过程 N_2O 排放量计算方式如下：

$$E_{N_2O}=AD \times EF \qquad (3-25)$$

式中，E_{N_2O} 是己二酸生产过程中的 N_2O 排放总量；AD 是己二酸生产量；EF 是己二酸的平均排放因子。若无本地实测的排放因子，可依照国家发改委编制的《省级清单指南》，建议己二酸生产过程采用的排放因子为 0.293。

2）硝酸生产过程氧化亚氮排放核算

N_2O 是氨催化氧化过程产生的副产品。N_2O 的生成量取决于反应压力、温度、设备年代和设备类型等，其中反应压力对 N_2O 生产影响最大。

硝酸生产过程 N_2O 的排放量计算方式如下：

$$E_{N_2O}=\sum_i AD_i \times EF_i \qquad (3-26)$$

式中，E_{N_2O} 是硝酸生产过程 N_2O 排放量；i 指的是硝酸生成的技术种类，包括：高压法（分为安装非选择性尾气处理装置和未安装非选择性尾气处理装置）、中压法、常压法、低压法、双加压法、综合法；AD_i 是上述七种技术的硝酸产量；EF_i 是上述七种技术的 N_2O 排放因子。

3.1.4　含氟气体排放核算

1. 一氯二氟甲烷生产过程三氟甲烷排放核算

HCFC-22 生产会排放 HFC-23。HFC-23 排放量的计算方式如下：

$$E_{HFC-23}=AD \times EF \qquad (3-27)$$

式中，E_{HFC-23} 是 HCFC-22 生产过程中 HFC-23 的排放量；AD 是 HCFC-22 产量；EF 是 HCFC-22 的平均排放因子。若无本地实测的排放因子，可依照国家发改委编制的《省级清单指南》，建议 HCFC-22 生产过程中 HFC-23 的排放取值为 0.0292。

2. 铝生产过程全氟化碳排放核算

原铝熔炼过程中会排放四氟化碳（CF_4，PFC-14）和六氟乙烷（C_2F_6，PFC-116）。这两种 PFCs 是在一种称为阳极效应的过程中产生的。我国原铝生产采用的技术类型是点式下料预焙槽技术（PFPB）和侧插阳极棒自焙槽技术

（HSS），以点式下料预焙槽技术为主。

1）四氟化碳排放量核算

铝生产过程中的 CF_4 排放量的计算方式如下：

$$E_{CF_4}=\sum_i AD_i \times EF_{i,1} \tag{3-28}$$

式中，E_{CF_4} 是铝生产过程中 CF_4 排放量；i 指的是铝生成的技术种类，分别是点式下料预焙槽技术生产和侧插阳极棒自焙槽技术生产；AD_i 是上述两种生产技术的产量；$EF_{i,1}$ 是上述两种技术的 CF_4 排放因子。

2）六氟乙烷排放量核算

铝生产过程中的 C_2F_6 排放量的计算方式如下：

$$E_{C_2F_6}=\sum_i AD_i \times EF_{i,2} \tag{3-29}$$

式中，$E_{C_2F_6}$ 是铝生产过程中 C_2F_6 排放量；AD_i 是上述两种生产技术的产量；$EF_{i,2}$ 是上述两种技术的 C_2F_6 排放因子；i 指的是铝生成的技术种类，分别是点式下料预焙槽技术和侧插阳极棒自焙槽技术。若无本地实测的排放因子，可使用国家发改委编制的《省级清单指南》中的推荐值用于铝生产过程中的含氟气体排放估算。具体排放因子如表 3-3 所示。

表 3-3　推荐的铝生产过程的排放因子

技术类型	排放气体	单位	推荐数值
点式下料预焙槽技术	CF_4	千克 CF_4/ 吨铝	0.088 8
	C_2F_6	千克 C_2F_6/ 吨铝	0.011 4
侧插阳极棒自焙槽技术	CF_4	千克 CF_4/ 吨铝	0.6
	C_2F_4	千克 C_2F_6/ 吨铝	0.06

3. 镁生产过程六氟化硫排放核算

镁生产过程 SF_6 排放来源于原镁生产中的粗镁精炼环节，以及镁或镁合金加工过程中的熔炼和铸造环节。

镁生产过程中产生的 SF_6 排放量计算方式如下：

$$E_{SF_6}=\sum_i AD_i \times EF_{i,2} \tag{3-30}$$

式中，E_{SF_6} 是镁生产过程中 SF_6 排放量；AD_i 是上述两个环节的镁产量；$EF_{i,2}$ 是上述两个环节的 SF_6 排放因子；i 指的是镁生成的两个环节，分别是原镁生产环节和镁加工环节。若无本地实测的排放因子，可使用国家发改委编制的《省级清单指南》中的推荐值用于镁生产过程中的含氟气体排放估算。具体排放因子为：原镁生产过程 SF_6 的排放为 0.490 kg/t，镁加工过程 SF_6 的排放为 0.114 kg/t。

4. 电力设备生产过程六氟化硫排放核算

电力设备生产过程的 SF_6 排放包括电力设备生产环节和安装环节的 SF_6 排放，暂不包括电力设备使用环节和报废环节的 SF_6 排放。

电力设备生产过程的 SF_6 排放量计算方式如下：

$$E_{SF_6}=AD \times EF \tag{3-31}$$

式中，E_{SF_6} 是电力设备生产过程中的 SF_6 排放量；AD 是电力设备生产过程中的 SF_6 使用量；EF 是电力设备生产过程的 SF_6 平均排放因子。若无本地实测的排放因子，国家发改委编制的《省级清单指南》建议电力设备生产过程采用的 SF_6 排放因子为 8.6%。

5. 半导体生产过程含氟气体排放核算

半导体制造的温室气体清单排放包括蚀刻与清洗环节的 CF_4、HFC-23、C_2F_6 和 SF_6 的排放量。

1）四氟化碳排放量核算

半导体生产过程的 CF_4 排放量计算方式如下：

$$E_{CF_4}=AD_{CF_4} \times EF_{CF_4} \tag{3-32}$$

式中，E_{CF_4} 是半导体生产过程中 CF_4 排放量；AD_{CF_4} 是半导体生产过程的 CF_4 使用量；EF_{CF_4} 是半导体生产过程的 CF_4 平均排放系数。若无本地实测值，可依照国家发改委编制的《省级清单指南》，建议半导体生产过程采用的 CF_4 平均排放系数为 43.56%。

2）三氟乙烷排放量核算

半导体生产过程的三氟乙烷（HFC_3）排放计算方式如下：

$$E_{\mathrm{HFC_3}}=AD_{\mathrm{HFC_3}} \times EF_{\mathrm{HFC_3}} \qquad (3-33)$$

式中，$E_{\mathrm{HFC_3}}$ 是半导体生产过程的 $\mathrm{HFC_3}$ 排放量；$AD_{\mathrm{HFC_3}}$ 是半导体生产过程的 $\mathrm{HFC_3}$ 使用量；$EF_{\mathrm{HFC_3}}$ 是半导体生产过程的 $\mathrm{HFC_3}$ 平均排放系数。若无本地实测值，国家发改委编制的《省级清单指南》建议半导体生产过程采用的 $\mathrm{HFC_3}$ 平均排放系数为 20.95%。

3）六氟乙烷排放量核算

半导体生产过程的 $\mathrm{C_2F_6}$ 排放计算方式如下：

$$E_{\mathrm{C_2F_6}}=AD_{\mathrm{C_2F_6}} \times EF_{\mathrm{C_2F_6}} \qquad (3-34)$$

式中，$E_{\mathrm{C_2F_6}}$ 是半导体生产过程的 $\mathrm{C_2F_6}$ 排放量；$AD_{\mathrm{C_2F_6}}$ 是半导体生产过程的 $\mathrm{C_2F_6}$ 的使用量；$EF_{\mathrm{C_2F_6}}$ 是半导体生产过程的 $\mathrm{C_2F_6}$ 的平均排放系数。若无本地实测值，国家发改委编制的《省级清单指南》建议半导体生产过程采用的 $\mathrm{C_2F_6}$ 平均排放系数为 3.76%。

4）六氟化硫排放量核算

半导体生产过程的 $\mathrm{SF_6}$ 排放计算方式如下：

$$E_{\mathrm{SF_6}}=AD_{\mathrm{SF_6}} \times EF_{\mathrm{SF_6}} \qquad (3-35)$$

式中，$E_{\mathrm{SF_6}}$ 是半导体生产过程的 $\mathrm{SF_6}$ 排放量；$AD_{\mathrm{SF_6}}$ 是半导体生产过程的 $\mathrm{SF_6}$ 使用量；$EF_{\mathrm{SF_6}}$ 是半导体生产过程的 $\mathrm{SF_6}$ 平均排放系数。若无本地实测值，可依照国家发改委编制的《省级清单指南》，建议半导体生产过程采用的 $\mathrm{SF_6}$ 平均排放系数为 19.51%。

6. 氢氟烃生产过程含氟气体排放核算

《蒙特利尔议定书》及其修正案使工业界开发了多种臭氧消耗物质（ODS）替代品。一些臭氧消耗物质替代品在生产和使用中会有部分气体排放到大气中，造成温室效应，成为温室气体。氢氟烃是其中排放量比较大的一类。

氢氟烃生产过程的含氟气体排放量计算方式为：

$$E_i=AD_i \times EF_i \qquad (3-36)$$

式中，E_i 为第 i 类氢氟烃生产过程的同类氢氟烃排放量；AD_i 为第 i 类氢氟烃产量；EF_i 为第 i 类氢氟烃生产的平均排放因子。若无本地实测排放因子，可依照国家发改委编制的《省级清单指南》，建议氢氟烃生产过程采用的氢氟烃类排放因子为 0.5%。

3.2　非二氧化碳温室气体检测监测

3.2.1　气体排放检测监测主要方法

1. 实地检测监测

温室气体的实地检测监测主要是利用各类采样装置、传感器、便携式设备等，采集温室气体排放源、近地面大气中的相关参数，通过分析和计算实现温室气体的检测和监测。地面温室气体检测监测可分为直接检测监测和间接检测监测。

1）直接检测监测

直接检测监测是基于温室气体的特征，如光学特征和化学特征等，采用温室气体检测监测传感器或者设备，对温室气体排放源、近地面大气进行采样测试分析，实现对温室气体检测监测的方法。直接检测监测设备主要有便携式气体检测监测仪和固定式传感器，可用于温室气体排放源的气体检测和监测。气体排放源的检测监测对仪器的精度和灵敏度都有很高的要求，而且仪器和传感器要尽量小型化。

（1）便携式温室气体检测设备

便携式温室气体检测设备一般基于温室气体的光学原理和化学原理进行检测。基于化学原理的检测设备需要不断对温室气体进行采样，其测量速度较慢[34]。基于光学原理的检测设备使用方便，更便携，是目前气体检测中广泛使用的设备[35]。

（2）固定式温室气体检测监测传感器

固定式传感器普遍基于光学原理进行检测和监测，部分基于化学原理的固定式传感器在研发上也取得了一些进展。相比便携式温室气体检测设备，固定式传感器不需要人工值守，还可根据监测需求布设传感器网络，实现对某一区域的温室气体排放的检测和监测，适合在人不易到达或者存在危险的位置和场所进行温室气体排放检测和监测。

（3）箱法温室气体检测

箱法，全称通量箱法，包括静态箱法和动态箱法。动态箱法在实际应用中还存在一些困难，目前研究人员主要以静态箱法进行气体检测。通量箱由透明有机玻璃制成，箱子朝地面一侧开口，上有盖子，顶部有一个取气样口和温度测量口，如图 3-1 所示。测量时，顶部密封、底部中通的通量箱，要保证箱内空气与外界没有任何交换，只收集以扩散方式排放的温室气体。每隔一段时间，烃类气体检测仪会测量箱内温室气体浓度，然后研究人员根据公式换算监测位置的温室气体排放通量。由于实际研究区比较复杂，因此研究人员常将研究区划分成网格，进行网格化监测，利用地理信息系统技术，获取整个区域的温室气体通量。

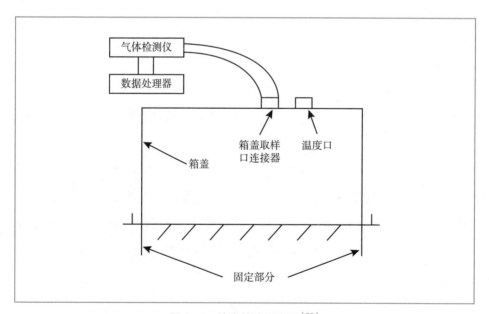

图 3-1　静态箱法示意图[36]

　　静态箱法原理简单、操作方便，是最常用的温室气体排放监测方法，适合小尺度监测，不易受地形的限制和其他温室气体排放源的影响。不过，单个箱子的监测面积小，导致研究人员的工作量大、耗时长。此外，静态箱改变了被测表面空气的自然湍流状态，箱盖关闭后箱内的温度和湿度都可能改变，进而影响地气交换，使得测量结果偏离实际值。

　　2）间接检测监测

　　间接检测监测是利用物理模型、统计模型等，对温室气体进行检测监测，获取相关大气环境参数和示踪气体数据的方法。间接检测监测的主要设备是气体传感器和风速仪，用于获取大气环境参数和示踪气体数据。常用的温室气体间接检测监测方法有微气象法、质量平衡法、示踪气体羽流法和气体羽流法。

　　（1）微气象法

　　微气象法通过测定大气湍流运动所产生的风速脉动与物理量脉动，直接计算物质的通量[37]。微气象法可获得较大尺度的 CH_4 排放通量值，其优点是不会对观测环境产生扰动，能够得到较大区域内的排放通量；缺点是成本高、技术复杂、仪器要求高、测量环境要求高。

　　（2）质量平衡法

　　质量平衡法也称断面法，分为二维质量平衡法和一维质量平衡法，实际应用中以二维质量平衡法为主。二维质量平衡法属于光学遥测方法，它假定待测气体通过两个垂直平面，根据质量守恒定律，排放通量为变化的水平风速与 2 个控制平面之间的待测气体浓度差的函数，由此可分为辐射型光径羽流分布（Radial Plume Mapping，RPM）和差分吸收激光雷达（Differential Absorption Lidar，DIAL）两种技术[38]。

　　辐射型光径羽流分布技术要求控制平面布置在主排放源的下风位置，应尽量与风速垂直。这种技术监测一定范围内的气体通量只需两套收发装置，即可在监测目标区布置四个控制平面。我们一般把 RPM 分为垂直式（VRPM）和水平式（HRPM）两种，HRPM 可获得地表气体浓度分布数据，用于划分排放区域；VRPM 可得到气体排放通量，用于监测气体的逸散性排放。

差分吸收激光雷达技术是根据温室气体的红外吸收特性，对温室气体进行监测的技术。差分吸收激光雷达会向大气中的同一光路发射波长相近的两束脉冲激光，其中一束激光被温室气体强烈吸收，另一束激光被吸收得很少或者没有被吸收。研究人员根据这两束波长的回波强度可确定一定高度区间的温室气体浓度。在实际监测中，可旋转的雷达装置常被固定在一辆移动的实时监测车上。雷达装置可调整方向以创造多角度的扫描平面，从而获取温室气体排放的立体分布。

二维质量平衡法所用的光谱技术具有光谱分辨率高、灵敏度高、响应时间快，非侵入式原位快速在线监测与遥测等优点，且可监测范围较大：VRPM 扫描平面的最大宽度为 200 m；而 DIAL 更加灵活，监测范围能达 400 m～800 m。该方法的缺点是仪器设备较大、灵活性差，运行成本高，技术原理和操作复杂，易受地形限制，且风速小或风向多变都会造成监测困难。

（3）示踪气体羽流法

示踪气体羽流法可分为动态示踪法和静态示踪法，以及同时利用这两种示踪方法的双示踪法[39]。动态示踪法需要研究人员在待测温室气体排放区的上风位置放置几个装有示踪气体的装置，尽量与风向垂直。装置适时会释放一定流量的示踪气体，使其与散逸的温室气体一起混合扩散。扩散气体将呈烟羽状，扩散过程符合点源高斯扩散模型。数小时后，一辆实时监测车要沿着可行的路线横穿羽流的纵切面，在下风位示踪气体释放点百米内，动态采集示踪气体和待测温室气体的浓度。静态示踪法则使用一些固定的自动采样器在适当的位置采集气体样本，测量示踪气体和待测温室气体的浓度。由于两者是同时排出，且在同一点被同一个采样器所采集，因此我们可认为两者被空气稀释的程度相同，根据两者的耦合关系，得到待测温室气体的排放速率。

示踪气体羽流法原理简单、费用较低，能测算出 CH_4 的平均排放通量，但天气状况、大气背景值以及空气样本的数量不足都会对测量结果造成影响。

（4）气体羽流法

气体羽流法的原理与示踪气体羽流法的原理相似，但它是基于统计学方法来反演源强,可分为动态法和静态法。在动态法测量中,气体羽流中的待测温室气体浓度和气象数据将通过实时监测车上的可调谐二极管激光仪(TDL)、量子级联激光器(QCL)等设备测定,然后在高斯扩散方程模拟和监测的待测温室气体浓度值之差最小的时候可根据该方程反演出整个场的总排放源强[38],之后再按照一定的规则将区域划分为若干个网格,给每个网格一个权值,将总排放源强分配至各个网格。静态法可使用一些布置在场四周的自动采样装置测定温室气体排放浓度,然后结合气象数据和电源扩散方程通过最小二乘反演源强。

气体羽流法能够根据测区大小灵活设置监测点,其缺点是技术原理复杂,对天气条件和地形环境要求高,还存在采样数量不足的问题。

2. 遥感监测

遥感监测包括航空遥感和卫星遥感,具备大尺度、长周期的快速监测能力,能有效地弥补地面站点监测对大尺度区域进行温室气体排放监测的不足。此外,基于传统地面站点观测数据,研究人员难以准确了解温室气体的源汇变化特征和机制,而卫星遥感可以监测全球大气温室气体浓度信息,为人们研究温室气体排放量、来源、分布和转化等提供了技术支撑[40]。2019年,IPCC 第 49 次全会通过了对 2006 年 IPCC 国家清单指南的改进方案,明确了新的排放清单的校验方法,即通过大气浓度观测数据"自上而下"反演的温室气体通量结果来验证排放清单。表 3-4 是全球已经发射和规划发射的温室气体监测卫星或载荷。从表中可见,早期各个国家或机构的温室气体监测卫星主要以监测 CO_2 为主,遥感数据的空间分辨率和观测精度较低。近年来发射和规划发射的温室气体监测卫星,将 CH_4 也纳入了监测范畴,而且遥感数据的空间分辨率和温室气体的观测精度也不断提高。卫星遥感已初步具备监测全球 CO_2、CH_4 等温室气体的能力,成为温室气体排放清单核查的重要方法[41]。

表 3-4　全球已发射和规划发射的温室气体监测卫星信息

卫星或载荷	国家或机构	发射时间 / 年	观测精度		空间分辨率
			CO_2/ppm	CH_4/ppb	
SCIAMACHY	欧盟	2002	16	N.A.	32×60 km^2
GOSAT	日本	2009	<4	34	10.5 km
GOSAT-2	日本	2018	1	5	9.7 km
GOSAT-GW	日本	>2023	N.A.	N.A.	10 km/1-3 km
OCO-2	美国	2014	1	N.A.	1.29×2.25 km^2
TanSat	中国	2016	1-4	N.A.	1×2 km^2
Sentinel-5P	欧盟	2017	N.A.	5.6	7×5.5 km^2
Sentinel-5	欧盟	2022	N.A.	N.A.	7×7 km^2
FY-3D	中国	2017	1-4	N.A.	10 km
GF-5	中国	2018	1-4	N.A.	10.5 km
OCO-3	美国	2018	1	N.A.	4 km
Microcarb	法国	2022	0.5-1	N.A.	2×2 km^2
MethaneSAT	美国	2022	N.A.	2	100×400 m^2
Metop-SGA	欧盟	2023	N.A.	N.A.	7×7 km^2
FY-3G	中国	2022	N.A.	N.A.	/
GEOCARB	美国	2022	1.2	10	3×6 km^2
DQ-01	中国	2022	N.A.	N.A.	/
CO_2M	欧盟	2026	0.7	10	4 km
DQ-02	中国	2023	N.A.	N.A.	3 km
MERLIN	法国	2024	N.A.	2.2	50 km
ASCENDS	美国	2025	N.A.	1	/
Carbon Mapper	美国	2023	N.A.	N.A.	30 m
GHGSat	加拿大	2016, 2020, 2021	4	18	25 m

注：ppm 代表的数值为 10^{-5}，ppb 代表数值为 10^{-9}。

　　大气中温室气体浓度及增量是生态系统碳汇和人为碳排放共同作用的结果，如图 3-2 所示。生态系统碳汇包括陆地生态系统碳汇和海洋生态系统碳汇。人为碳排放主要是化石燃料和工业排放，以及土地利用变化碳排放。其中，人为碳排放是全球碳盘点的核心任务。为了探明人类工业活动产生的碳排放，研究人员必须确定并区分陆地和海洋生态系统吸收和释放的温室气体，需要监测火山爆发、森林砍伐、火灾等自然释放和土地利用变化排放的温室气体[41]。基于遥感监测的大气温室气体浓度，研究人员分别展开了对生态系统碳汇估算和对人为碳排放估算的研究，以实现自然源和人为源碳排放盘点。

图 3-2　2010—2019 年人类活动、大气与自然生态系统的平均碳收支[42]

1）生态系统碳汇遥感估算

在生态系统碳汇中，相比海洋碳汇作用，陆地碳汇具有明显的时空变化特征，对其精准估算是人们探明人类工业活动碳排放的基础，也是当今全球碳循环研究的前沿问题之一。生态系统碳汇估算方法主要有三种，其中基于温室气体浓度探测的同化反演方法和基于数据驱动的机器学习模型估算方法应用最为广泛。基于温室气体浓度探测的同化反演方法采用大气化学传输模式，结合地基或卫星观测的温室气体浓度数据反演区域碳通量进行估算，目前，大气化学传输模式估算结果不确定性较大[43, 44]。而数据驱动模型的拟合能力还有待进一步提高，以降低不同方法的碳通量估算结果差异。为降低生态系统碳汇估算的不确定性，我们迫切需要综合大气化学传输模式和数据驱动方法的优势，发展出新的高精度生态系统碳汇监测方法，并完善不同空间尺度的生态系统碳收支定量方法，提供高精度、精细分辨率、长时间序列的生态系统碳汇数据[40]。

2）人为源碳排放遥感监测

为评估全球温室气体减排目标实现状况，研究人员需要利用多种技术手段调查、跟踪、评估人为排放减排效果。遥感卫星作为对地观测的重要手段，是实现大范围、长时序稳定而真实的人为源碳排放检测的重要平台。满足人为温室气体排放定量监测需求已经成为温室气体卫星遥感观测技术的重要发展方向。

卫星监测区域源汇必须要监测到与当地源汇变化有关的信息，并将其与大气传输的贡献区分开来。这对卫星观测的准确度、精度、分辨率以及覆盖范围有严格的要求。目前，卫星探测能力得到了有效提高，但是任何一颗单独的卫星都无法满足对 CO_2 和 CH_4 全球探测的需求。将多颗卫星组成一个虚拟的卫星星座，开展多颗卫星组网观测是满足快速增长的全球业务化观测需求的有效途径。组网观测可以形成全球质量统一、连续的温室气体观测数据集，全方位观测温室气体浓度和源汇的时空变化特征。获得满足碳源汇监测需求的卫星数据集，除了需要卫星探测技术的提高以及组网观测外，还需要卫星反演算法精度的提高[7]。

3）碳通量数据同化与反演研究

传统的人为碳排放和生态系统碳汇估算主要采用源清单、生态系统模型模拟和通量观测数据外推的方法，即"自下而上"方法[45, 46]。清单方法是碳排放源调查的主要方法，但由于统计资料和排放因子无法快速更新，该方法难以捕捉排放源的动态变化。而另一种"自上而下"的方法[47]，可基于大气观测的温室气体浓度和气象场资料，结合大气化学传输模式，通过数据同化方法，"自上而下"估算区域碳源汇及变化状况。

目前"自上而下"方法虽然得到了广泛应用，但受限于观测数据的精度和覆盖率，主要用于评估自然生态系统的 CO_2 通量和湿地的 CH_4 通量。在这种反演过程中，我们通常假定化石燃料碳排放和土地利用变化碳排放是准确的，再利用大气浓度观测数据反演优化陆地生态系统和海洋的碳通量。联合同化卫星和地面大气 CO_2 浓度、站点通量数据、遥感地表参数等数据，同时优化生态系统和人为源碳通量是全球碳同化系统的发展趋势。

3. 过程模拟

农业领域的温室气体排放是一种生物化学过程，与其环境密切相关，是土壤、降水、温度等多种环境因素共同作用的结果。最初的农业领域温室气体排放估算是以实地检测手段为基础，通过地区观测点观测到不同生育期内温室气体平均排放率与种植面积乘积来估算某地区农业温室气体排放总量，是经验性的。为此，估算模型开始从经验模型向机理模型转化，应用上从观测的点模式估算向区域及全球尺度外推。过程模拟建立在温室气体产生、氧化、迁移以及排放过程研究基础上，综合考虑了土壤、水、植被以及其他各项因素的影响，整合建模不同因子，模拟相关过程。

过程模拟相比经验模型，推广性更好，尤其是对于排放过程类似的地区，具有较好的适用性。过程模拟的参数设置依赖大量的地面观测辅助数据，研究人员在进行大尺度的模拟时需要对模型中的参数进行简化、整合，其运用推广也因此受到一定制约[48]。

3.2.2　甲烷排放检测监测技术

1. 地面检测监测

地面检测监测设备主要是各种便携式 CH_4 检测设备和 CH_4 检测传感器。地面站点监测广泛应用于关键点位、井场和设施等小范围 CH_4 监测，是研究 CH_4 排放速率、通量及其微观环境影响因子的重要手段[49]。

近年来，随着电子技术的进步，一批自动化程度高、灵敏度好的 CH_4 在线监测设备应运而生。但由于造价高、维护成本高、观测过程受环境变化影响大等因素，该类仪器的应用受到了极大的限制，而地面站点监测的结果可信度高、操作相对简便。不过，由于站点的覆盖范围有限，对于大范围、宏观尺度

的 CH_4 监测，地面站点监测的方法耗时费力，难以满足需求。

1）便携式检测设备

便携式 CH_4 检测设备是基于光学原理的测量设备，包括激光甲烷遥测仪等[35]。德国竖威（Sewerin）公司研制的 RMLD-CS 多用途激光甲烷遥测仪、武汉安耐捷与美国 YJ 公司等单位合作开发的 YJ-LZ-01 激光甲烷遥测仪等可对 120 m 左右的目标进行遥测。当设备进一步集成定位、拍摄、通信等功能后，便携式设备的应用将更加便捷高效。

2）检测传感器

基于光学和化学原理的 CH_4 检测传感器，使用起来更加灵活多样。研究人员可针对不同的检测需求，以固定或者移动的方式布设 CH_4 检测传感器。固定式 CH_4 检测传感器可在场井和设施周围布设，也可通过组网的方式在某一监测区域布设传感器网络，研究人员通过分析多个传感器的数据，来实现对一定区域内 CH_4 的排放检测。CH_4 检测传感器通常用于危险环境或者人工检测效率低的环境，比如地下煤矿环境危险，人工检测效率低，因此固定式传感器被广泛地应用于地下煤矿 CH_4 泄漏的检测监测[50]。

移动式 CH_4 检测传感器是通过移动工作站或搭载在小型无人机等方式，对关键位置和区域的 CH_4 排放进行检测监测。移动工作站主要是将检测设备搭载在汽车等移动工具上，通过搭载工具的移动实现对目标区域进行检测。相比于汽车等载具，无人机的观测范围更大，不受地面环境的限制，可实现对连续空间的 CH_4 排放检测，弥补了地面检测的不足。因此，充分利用无人机检测和移动工作站检测的优点，搭配使用不同的检测方式，有助于解决提高检测的效率。

1989 年世界气象组织（World Meteorological Organization，WMO）组建了全球大气地面观测网（Global Atmosphere Watch，GAW）。GAW 相关的大气成分变化探测网络（Network for the Detection of Atmospheric Composition Change，NDACC）、碳总柱观测网络（Total Carbon Column Observing Network，TCCON）、现役飞机全球观测系统（IN-service Aircraft for a Global Observing System，IAGOS）

和集成碳观测系统（Integrated Carbon Observation System，ICOS）都提供了温室气体的地面监测数据。NDACC 在全球共有 90 多个站点，由傅里叶变换红外光谱仪、微波光谱仪、激光雷达等多种传感器组成，自 1991 年运行以来，收集了全球大量 CH_4 等温室气体观测数据[51]。TCCON 是由地面傅里叶变换红外光谱仪组成的全球 CH_4 等温室气体柱浓度监测网络。ICOS 提供欧洲境内的 CH_4 等温室气体摩尔分数数据。

当前，我国首个温室气体观测网基本建成，观测网名录包含 60 个覆盖全国主要气候关键区并以高精度观测为主的站点，由国家大气本底站、国家气候观象台和国家及省级应用气象观测站等组成[40]。其观测要素覆盖了《京都议定书》的 CO_2、CH_4、N_2O、HFCs、PFCs、SF_6 和 NF_3 等七类温室气体。

2. 多源遥感监测

大气中的 CH_4 在红外、近红外波段有三个主要的吸收带，研究人员基于 CH_4 在红外区域的光谱吸收特征，利用卫星搭载的大气红外传感器，通过对卫星接收的太阳辐射数据进行处理和分析，就能得到大气中痕量气体的光谱信息，进而对相关气体含量进行反演。卫星遥感 CH_4 监测传感器主要分为热红外光谱探测传感器和近红外光谱探测传感器两种类型。

1）热红外遥感甲烷监测

当热红外波段探测的能量来自地球大气自身的热辐射时，CH_4 在热红外波段吸收强，卫星传感器接收到的信号主要来自平流层。高分辨率红外辐射探测仪（High Resolution Infrared Radiation Sounder，HIRS）、傅里叶变换光谱仪（Fourier Transform Spectrometer，FTS）、大气红外探测仪（Atmospheric Infrared Sounder，AIRS）和红外大气探测干涉仪（Infrared Atmospheric Sounding Interferometer，IASI）是目前主要的 CH_4 红外探测传感器[52]。

2002 年美国发射的 Aqua 卫星搭载的 AIRS（Atmospheric Infrared Sounder）高光谱传感器，通过对红外光谱的探测，实现了对流层中 CH_4 含量的反演。AIRS 传感器光谱范围覆盖短波 3.74 μm ~ 4.61 μm、中波 6.20 μm ~ 8.22 μm、长波 8.80 μm ~ 15.4 μm，空间分辨率为 13.5 km，扫描幅宽为 1 650 km，每

天覆盖地球两次。研究人员利用 AIRS 遥感数据，采用 SVD（Singular Value Decomposition）反演方法，实现了对大气中 CH_4 的精确探测，得到了 5 km、7 km、11 km 高度的大气 CH_4 体积混合比产品。欧盟于 2006 年、2012 年、2018 年陆续发射了三颗极地轨道气象卫星（Meteorological Operational Satellite，MetOp），三颗卫星均搭载了 IASI 高光谱大气探测传感器。IASI 的光谱范围为 3.63 μm ~ 15.5 μm，提供 8 461 个光谱波段。基于 IASI 的遥感数据，我们就能反演得到晴空条件下大气层 11 km ~ 15 km 的全球 CH_4 廓线[53]。

由于热红外探测中地表温度的干扰较大，且传感器难以探测到对流层乃至边界层的温室气体，而人们对其源汇的研究主要集中在近地表，因此卫星热红外高光谱传感器的发展受到了制约。自 2000 年以后，人们对温室气体探测技术的研究开始转向基于太阳反射辐射为主的近红外光谱探测技术的研究。

2）近红外遥感甲烷监测

近红外大气温室气体探测卫星探测的是穿过大气的太阳辐射达到地面后被地表反射回太空过程中，被 CH_4 等温室气体分子吸收而带有 CH_4 等温室气体吸收特征的辐射信息。通过高精度的反演算法，根据光谱的特征，探测卫星可以定量地反演出大气中的 CH_4 等温室气体浓度[52]。由于人类活动主要集中在对流层，而近红外波段主要探测对流层的 CH_4 等温室气体，因此越来越多的研究是针对近红外光谱的探测。

2009 年日本发射的 GOSAT（Greenhouse Gases Observing Satellite）搭载了热红外及近红外探测器（Thermal and Near-Infrared Sensor for Carbon Observation，TANSO）。TANSO-FTS 传感器共设置 4 个波段，波段 1 为近红外，用于 O_2 监测波段，以得到准确的地表参数；波段 2 为短波红外，主要用于反演 CO_2 和 CH_4 柱总量；波段 3 为短波红外，包含水汽吸收波段，用于判断是否存在云和高层气溶胶；波段 4 为热红外波段，用于反演 CO_2 和 CH_4 廓线[54]。TANSO-CAI 观测波段在紫外到近红外区域，主要用于排除 TANSO-FTS 视场中的散射干扰，修正 TANSO-FTS 光谱数据中云和气溶胶的影响。

近年来，卫星遥感 CH_4 监测取得了一定的进展。GOSAT 是第一颗专门用

于大气温室气体 CO_2 和 CH_4 探测的卫星，能够在全球尺度实现对大气 CH_4 的高光谱分辨率监测。为提高对温室气体的监测精度，日本在 2018 年发射了 GOSAT-2 卫星。GOSAT-2 旨在利用更高的传感器性能更精准地探测温室气体浓度。相比 GOSAT 卫星，GOSAT-2 将 CH_4 的探测精度由 34 ppb 提升至了 5 ppb[39]。由于 GOSAT 和 GOSAT-2 卫星只能获得离散空间的数据，对空间的连续观测能力不足，日本 GOSAT-GW 卫星于 2019 年正式立项。

欧盟 MERLIN（Methane Remote Sensing Lidar Mission）原计划于 2021—2022 年发射一颗 Lidar 卫星用于 CH_4 柱浓度总量监测，卫星搭载的差分吸收激光雷达，能够两周内覆盖全球区域，具备昼夜连续观测 CH_4 柱浓度总量的能力。哨兵 7 号（Sentinel-7）计划于 2025 年发射，它不仅能够提供 2 km×2 km 的高空间分辨率，而且具有 250 km 的幅宽，能够实现对 CO_2、CH_4 和气溶胶的同步成像观测[55]。

卫星空间分辨率对于能源企业、电力企业等热点排放源的遥感监测十分重要。加拿大 GHGSat 公司启动了高分辨率温室气体遥感探测计划，已分别于 2016 年、2020 年和 2021 年发射了三颗 GHGSat 卫星，获得了 25 m 空间分辨率、18 ppb 精度的 CH_4 温室气体遥感数据，为点源 CH_4 遥感监测提供了技术支撑。美国 Planet 公司计划于 2023 年发射两颗 Carbon Mapper 卫星，卫星具备获取空间分辨率 30 m、幅宽 18 km 的高信噪比遥感数据，能够探测高精度的 CH_4 温室气体，探测源强为 50 kg/h 的 CH_4 排放源，实现对全球 90% 以上的煤炭发电厂的有效监测[40]。

大气 CH_4 高光谱遥感探测与估算能够提供全球范围、不同大气层高度的 CH_4 含量分布信息，具有重要的意义。由于遥感信号受到大气温度和水汽的间接影响，因此估算精度受到一定限制[56]。随着卫星传感器的空间分辨率、光谱分辨率和时间分辨率的提高，研发高精度的温室气体反演算法和产品成为当前卫星遥感温室气体反演的一个重点。

3. 过程模拟估算

稻田 CH_4 排放监测中典型的过程模拟模型有反硝化 - 分解（Denitrification

Decomposition，DNDC）模型[57]、MERES（Methane Emission in Rice ECO–Systems）
模型[58]和 CH$_4$MOD 模型[59]，主要用于农业领域 CH$_4$ 排放估算。

DNDC 是田间尺度三维生物地球化学过程模型。模型将生态驱动因素（气
候、土壤、植被和人类活动）、环境因素（辐射、温度、湿度、pH 值、Eh 值
和有关化合物的浓度梯度），以及有关生物化学和地球化学反应联系起来，从
而达到预测碳、氮元素分解释放和水分生物地球化学循环的目的[60]。CH$_4$ 数
值估算模型便是基于 DNDC 模型，进一步把作物生长、碳氮循环、气象参数、
水分过程与 CH$_4$ 排放相结合而建立的模型。DNDC 是针对农业土壤痕量气体
（CO$_2$、CH$_4$ 和 N$_2$O）排放估算开发的模型，目前已广泛应用于水稻田和其他农
作物下土壤温室气体排放模拟。大量实地观测值与 DNDC 模拟结果对比表明，
DNDC 具有较高的精度和可靠性。

3.2.3　氧化亚氮排放检测监测技术

1. 地面检测监测

目前，检测 N$_2$O 的方法主要为气相色谱法（Gas Chromatography，GC）、
化学发光法（Chemiluminescence Detector，CLD）和气相色谱 – 电子捕获检测
器法（Gas Chromatography with an Electron Capture Detector，GC–ECD）。GC–
ECD 一般采用单瓶或多瓶标气通过外标方式定量。常用方法有四种，包括单
点线性校正的方法（简称 S 法）、多点线性拟合法（简称 D 法）、单瓶标气比
值校正法（简称 SC 法）和单瓶标气近似校正法（简称 SA 法）。

大气成分变化探测网络 NDACC 自 1991 年运行以来，已收集了大量全球
N$_2$O 等温室气体观测数据[51]。总碳柱观测网络 TCCON 是由地面傅里叶变换红
外光谱仪组成的全球 N$_2$O 等温室气体柱浓度监测网络。我国建成的首个温室
气体观测网覆盖全国主要气候关键区，能够提供包括 N$_2$O 在内的温室气体的
高精度观测数据。

2. 多源遥感监测

N_2O 机载高空探测主要包含机载 DIAL 技术、机载傅里叶变换红外光谱（Fourier Transform Infrared Spectroscopy，FTIR）技术、机载 / 球载可调谐二极管激光吸收光谱（Tunable Diode Laser Absorption Spectroscopy，TDLAS）技术、机载 / 球载光腔衰荡光谱（Cavity Ring-down Spectroscopy，CRDS）技术。美国 NASA 的研究人员在飞机上搭载了一套 DIAL 系统，实现了对 10 km 高空处的 CO_2 柱浓度检测。中国科学院安徽光机所采用一架国产 Y-12 型飞机，使其飞行高度保持在 1 km 左右，在山东半岛地区开展了机载 FTIR 高空 CO_2、CO 以及 N_2O 的观测行动，飞行路线覆盖了裸土、沙滩、植被、海水以及居民区等多种地表类型。

由于地面监测在地理空间上覆盖有限，而且大气上层 N_2O 的浓度变化相对较大，因此卫星遥感成了监测 N_2O 浓度的重要手段。卫星遥感具有空间连续监测的特征，目前被用来监测多种大气成分，包括气态污染物、温室气体、云和气溶胶等。由于 N_2O 在空气中含量较少，其吸收特征容易受到其他吸收干扰，反演难度较大。目前我们通常使用太阳掩星观测和临边观测两种技术来观测平流层 N_2O 浓度，近年来，热红外探测仪可以提供对流层中上层 N_2O 浓度分布情况的数据。GOSAT 搭载的星载仪器 TANSO-FTS 主要探测地表反射的太阳短波红外辐射（Short Wavelength Infrared，SWIR），以及地表和大气发射的热红外辐射（Thermal Infrared，TIR），能对全球的 N_2O 进行探测[61]。

3.2.4　含氟气体排放检测监测技术

含氟气体检测监测主要是地面检测监测，常用方法是气相色谱法和气质联用法。气相色谱法可用于测定 SF_6 和 C_2F_6，气质联用法可用于同时测定 HFC-23、CF_4、C_2F_6 和 PFCs[62]。

国核电站运行服务技术有限公司研制的用于 SF_6 检测的气相色谱仪对浓度为 20 ppb 的 SF_6 进行监测的相对标准偏差优于 1.5%。仪器的参数和条件如表 3-5 所示。

表3-5　气相色谱实验条件[63]

参数选择	操作条件	参数选择	操作条件
色谱柱类型	分子筛	载气	99.999% 氦气
载气压力	400 kPa	阀门切换	采用
柱箱温度	50℃	定量管	5 mL
检测器	300℃	–	–

3.3　小结

我国基于 IPCC 技术报告和非二氧化碳温室气体排放清单方法指南，已建立国家、行业和省级温室气体排放核算指南。目前，我国的温室气体核算方法以 IPCC 第一层级和第二层级方法为主，为更好地应对气候变化的新需求，我国仍需进一步完善现有温室气体排放清单编制方法。

我国已基本建成了由国家大气本底站、国家气候观象台和国家及省级应用气象观测站等组成的高精度温室气体监测网络，陆续发射了碳卫星（TanSat）、大气环境监测卫星（DQ-1）等温室气体观测卫星，具备了空天地一体化的温室气体监测能力。2019 年，IPCC 全会明确了将卫星遥感技术作为新的排放清单校验方法，通过大气浓度观测数据"自上而下"反演的非二氧化碳温室气体通量结果来验证排放清单。面对新的温室气体排放清单校验，我国仍需加强大气温室气体监测站点建设，推进下一代温室气体观测卫星研制，以提高空天地一体化的大气 CO_2、CH_4、N_2O 等的监测能力。

第 4 章

◆ ◆

甲烷减排技术评估

4.1　甲烷减排技术应用场景现状

4.1.1　应用场景现状

CH_4 是仅次于 CO_2 的第二大温室气体。2021 年 IPCC 发布的最新评估报告（AR6）显示，2019 年全球 CH_4 排放量为 110 亿 t CO_2-eq，仅次于 CO_2 440 亿 t 的排放量，占温室气体排放总量（约 590 亿 t）的 18%。此外，CH_4 排放增速比 CO_2 更快。1850—2019 年，CH_4 排放增速是 CO_2 的 3 倍多。当前大气 CH_4 浓度比工业革命前增长了约 1.5 倍，同期 CO_2 增长约 40%。CH_4 的温升潜势也比 CO_2 强。在 100 年的时间框架内，化石能源类 CH_4 和非化石能源类 CH_4 的 GWP 值分别是同质量 CO_2 的 29.8 倍和 27.2 倍。农业活动、废弃物、化石燃料生产和利用、生物质燃烧等人类活动排放的 CH_4，绝大部分都通过光化学反应在大气中分解，部分 CH_4 汇集到土壤中，剩余少部分 CH_4 留在了大气中。

根据我国 2018 年提交的《中华人民共和国气候变化第二次两年更新报告》，2014 年我国 CH_4 排放 5 529.2 万 t，占非二氧化碳温室气体排放量的 56.5%，其中能源活动排放 2 475.7 万 t，占 CH_4 总排放量的 44.8%；农业活动排放 2 224.5 万 t，占 40.2%；废弃物处理排放 656.4 万 t，占 11.9%；土地利用及其变化和林业排放 172.0 万 t，约占 3.1%。我国 1994—2014 年 CH_4 排放量情况如图 4-1 所示。1994—2014 年，我国能源活动 CH_4 排放量显著增加。

根据 CH_4 气体的产生和逸散特点，可将 CH_4 减排技术划分为源头减量、过程控制、末端处置与综合利用等四类。CH_4 源头减量技术是指在排放源头减少排放活动水平实现原位减排的技术。如低排高产水稻育种改良技术，通过有效调整水稻植株有机物分配更多向籽粒转移，调控根系活力和植株通气组织输氧能力，减少潜在的土壤产 CH_4 基质，提高根际甲烷氧化菌活性，从而实现

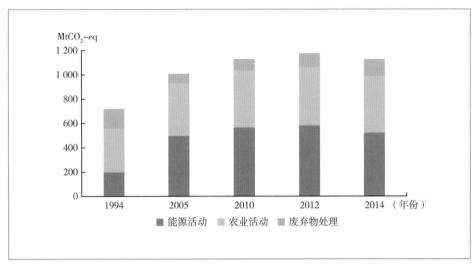

图 4-1　1994—2014 年我国甲烷排放量情况

稳产增产和降低 CH_4 排放的目标。CH_4 过程控制技术是指通过工艺流程再造，降低生产过程中 CH_4 排放的技术。油气生产 CH_4 排放过程控制技术通过采用各类 CH_4 检测器，实现对于油气生产场站各组件排放源的检测，识别排放源并修复后，实现 CH_4 减排。CH_4 末端处置技术是指在 CH_4 产生之后，再采用生物处理、吸脱附分离、催化氧化、高温降解等方法控制回收的技术。CH_4 综合利用技术是指对回收到的 CH_4 再利用的技术。油气生产排放综合利用技术主要指针对油气生产过程无法通过源头减量及过程控制等手段实现回收利用的 CH_4，通过将捕集后的气体转化为其他天然气产品，如天然气水合物、压缩天然气、液化天然气等，实现对 CH_4 的综合利用。

4.1.2　应用场景发展趋势

在现有减排技术全部实施的情况下，要在 2060 年实现净零排放的难度很大，深度减排只能通过改变行为模式降低活动水平来实现。从短期来看，实现 CH_4 气体减排需要重点关注末端回收和过程控制技术的推广应用，如大型填埋场 CH_4 高效收集与利用技术、煤层气回收、放空天然气回收转化利用、泄漏检测与修复技术等。从长期来看，CH_4 气体减排则需要稳步推进前端需求消减或替代进程，如低排高产水稻育种改良技术与反刍动物瘤胃 CH_4 减排技术等。

4.2　源头减量典型关键技术

按照技术成熟度，源头减量技术发展可分为基础研究阶段、中试阶段、商业化应用阶段、工业示范阶段、技术成熟推广五个阶段。我国源头减量技术发展整体处于中试阶段。基于技术发展现状和减排需求，现对技术应用推广时间、技术成熟度、困难度与技术重要性做出如下评估。

4.2.1　低排高产水稻育种改良技术

1. 技术介绍

1）技术定义

低排高产水稻育种改良技术是指筛选和培育特定水稻品种，在种植过程中保持稳产高产的同时有效降低稻田 CH_4 排放[64]的技术。

2）技术原理

低排高产水稻育种改良技术是一种可实现 CH_4 减排和水稻稳产增产的可持续发展技术。其作用机理是一方面通过提高根际甲烷菌活力，提高对 CH_4 的氧化能力，另一方面降低碳分配比例，减少水稻根系产 CH_4 基质；同时增强茎叶通气组织输氧能力，使茎干强壮，使得有机物分配更多向籽粒转移，提高籽粒结实率、粒数和粒重，从而实现 CH_4 减排和水稻稳产增产目标。低排高产水稻育种改良技术原理如图 4-2 所示。

2. 技术成熟度和经济可行性

1）技术成熟度

低排高产水稻育种改良技术目前属于基础研究阶段。瑞典农业科技大学和中国福建省农业科学院的研究人员通过将大麦的 SUSIBA2 基因插入水稻开

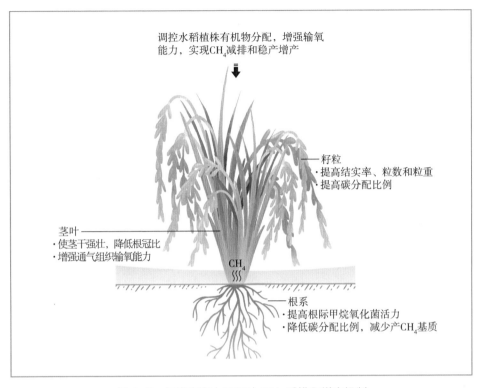

图 4-2　低排高产水稻品种 CH₄ 减排和增产机制

发出的新品种，不仅可实现水稻籽粒淀粉含量和粒重升高，还大幅降低了 CH₄ 排放[65]。中国农业科学院农业环境与可持续发展研究所和作物科学研究所的研究人员针对不同水稻品种生长特性、农艺性状与 CH₄ 排放的关系，对水稻品种进行分类鉴定，在现有推广品种中筛选出了一批低排高产的水稻品种。低排高产水稻育种改良技术及研究现状，如表 4-1 所示。

表 4-1　低排高产水稻育种改良技术及研究现状

序号	采用技术	研究 / 应用机构	技术应用阶段
1	低排高产水稻品种转基因育种	瑞典农业科技大学 / 中国福建省农业科学院	实验室基础研究，无推广应用
2	低排高产水稻品种鉴定和评估	中国农业科学院农业环境与可持续发展研究所 / 农作物科学研究所	大田试验基础研究，无推广应用

2）经济可行性

低排高产水稻育种改良技术安全可靠，其研发和鉴定需要一定的科研成本。但对水稻种植者而言，选用低排放水稻品种无额外减排成本。

3）安全和环境影响

低排高产水稻种植改良技术是具备良好安全性的环境友好型技术。

3. 技术发展预测和应用潜力

稻田 CH_4 排放占全球农业 CH_4 排放的 22% 左右。我国是水稻种植大国，水稻 CH_4 排放占比高，而且我国水稻主产区稻田土壤有机质含量也高[66]。在土壤有机质含量高的条件下，低排高产水稻品种能够显著降低稻田 CH_4 的排放量[67]。因此，低排高产水稻的减排潜力巨大。建议评估和鉴定现有水稻品种 CH_4 排放和产量的关系，筛选低排高产水稻品种，并在育种工作中考虑水稻品种的减排效果，加强低排高产水稻育种基础前沿研究。在考虑粮食安全前提下，低排高产水稻育种改良技术整体实现全国稻田 CH_4 减排在 5%～10%（44.6 万～89.1 万 t/a）。

4.2.2 反刍动物瘤胃甲烷减排技术

1. 技术介绍

1）技术定义

反刍动物胃肠道 CH_4 排放是人类农业活动 CH_4 排放的主要来源之一。

反刍动物瘤胃 CH_4 减排技术是指通过营养调控的手段，改变瘤胃发酵模式或阻断 CH_4 生成路径，减少瘤胃 CH_4 生成，从而降低反刍动物养殖过程中的 CH_4 排放，实现 CH_4 源头减排的技术[68, 69]。

2）技术原理

植物提取物、不饱和脂肪酸抑制瘤胃 CH_4 产生原理如图 4-3 所示。瘤胃内生成 CH_4 的前体物有 CO_2、氢分子、甲酸、甲基化合物和乙酸盐等。根据 CH_4 合成前体物的不同，可以将 CH_4 合成路径分为 CO_2 还原、甲基化合物营养型和甲酸、乙酸等异化三种路径[68]。其中利用 CO_2 还原途径合成 CH_4 的甲烷菌约占甲烷菌总量的 80%。

CO_2 还原路径以 CO_2 为碳源，以氢分子为电子供体，CO_2 在甲烷菌作用下经过多重还原后生成 CH_4。更低自由能的生物化学过程竞争甲烷菌生长代谢所需要的底物（H_2），可以抑制 CH_4 的生成。不饱和脂肪酸氢化、植物提取物还原均需要消耗 H_2，且该生化过程所需自由能低于 CH_4 生成。此外，脂肪酸、植物提取物等均会对瘤胃原虫、甲烷菌等瘤胃微生物丰度造成影响，进而影响瘤胃发酵模式，抑制 CH_4 的生成。即反刍动物日粮中添加一定量植物提取物、不饱和脂肪酸等可有效抑制胃瘤 CH_4 产生。

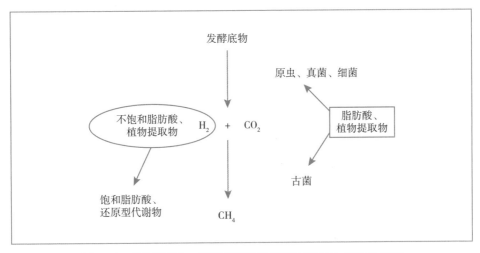

图 4-3　植物提取物、不饱和脂肪酸抑制瘤胃 CH_4 产生原理图

2. 技术成熟度和经济可行性

1）技术成熟度

CH_4 排放关乎环境变化和生产成本控制，CH_4 减排一直是学术界和产业界共同关注的热门话题。使用不饱和脂肪酸、硝酸盐、植物提取物等多种方法抑制反刍动物瘤胃 CH_4 产生已有较为广泛的研究和应用，如表 4-2 所示。

表4-2　抑制瘤胃 CH_4 排放研究现状

年份	机构	相关成果
2010	澳大利亚新英格兰大学	绵羊日粮中添加4%硝酸钾（干物质基础），CH_4 产量由 21.4 g/kg DM 降至 16.4 g/kg DM，下降了 23.2%。
2012	中国农业科学院北京畜牧兽医研究所	随着奶牛年龄和体重的增加，CH_4 排放量也显著增加，其中青年牛以 CH_4 形式释放的能量占摄入总能量的比例最高。
2012	新西兰 De Viersprong 研究中心	在肉牛日粮中添加2.2%硝酸盐（干物质基础），CH_4 排放量由 125 g/d 降至 85 g/d，下降了 32%；按干物质采食量计算，CH_4 排放量由 18.2 g/kg 降至 13.3 g/kg，下降了 26.9%。
2014	中国农业科学院北京畜牧兽医研究所	在奶牛日粮中添加1%~4%（干物质基础）苏子油、橡胶籽油，可改变瘤胃发酵类型，降低 CH_4 产量，调节瘤胃液脂肪酸的组成。
2015	美国宾夕法尼亚州立大学	在奶牛日粮中添加0.004%~0.008%（干物质基础）3-硝基氧丙醇（3-NOP）可使高产奶牛的 CH_4 排放量降低30%，且会增加奶牛体重而对奶牛采食和产奶无负面影响。
2018	巴西 Escola de Medicina Veterinária University Center FACVEST and IMED	在奶牛日粮中添加0.056%和0.028%（干物质基础）的牛至提取物和绿茶提取物，奶牛 CH_4 日排放量未受影响，但按干物质采食量计算，CH_4 排放量由 19.7 g/kg 分别降至 16.0 g/kg 和 15.3 g/kg，分别下降了 18.8% 和 22.3%。
2020	中国农业科学院北京畜牧兽医研究所	体外条件下，0.001 6 g/mL 和 0.003 2 g/mL 牛角瓜叶添加量改变了内纤毛虫属外形结构，显著降低了内纤毛虫属数量，为 CH_4 减排提供了新的思路。
2022	芬兰自然资源研究所	使用油脂含量高的菜籽饼替代奶牛日粮中的菜籽粕，奶牛 CH_4 排放量由 547 g/d 降至 510 g/d，下降了 6.76%；按干物质采食量计算，CH_4 排放量由 19.7 g/kg 降至 18.3 g/kg，下降了 7.11%。

　　日粮中硝酸盐使用不当会导致动物体内积累过多的亚硝酸盐，而亚硝酸盐具有毒害作用，可能会对瘤胃发酵，甚至对家畜健康造成不良影响，因此其使用风险高，生产中应用较少。相对而言，植物提取物、不饱和脂肪酸等使用效果好、安全性高，易被接受和推广。研究人员对牧场奶肉牛饲养状况，尤其

是日粮营养水平进行系统评测后，形成的植物提取物、不饱和脂肪酸添加应用规程对于奶肉牛养殖 CH_4 减排具有重要意义。

2）经济可行性

在实际生产中，植物提取物的添加量极低，而不饱和脂肪酸的添加会节省一部分能量类饲料，因此总体上不会对奶肉牛日粮成本造成影响。另一方面，研究证明，植物提取物、不饱和脂肪酸的适当应用不会影响奶肉牛生产性能，甚至能提升奶牛标准乳产量和肉牛日增重。以奶牛为例，据美国奶业协会统计数据显示，每千克标准乳 CH_4 排放量减少 2.5 g，每千克饲料将多生产 300 mL 标准乳。按 CH_4 排放量 14 g/kg 标准乳计算，通过技术的推广应用，CH_4 排放量降低 10% 达到 12.6 g/kg 标准乳，即 CH_4 排放量减少 1.4 g，则每千克饲料将多生产 168 mL 标准乳，以奶牛干物质采食量 20 kg/d 计，奶牛单产可提高 3.36 kg/d。据农业农村部奶业形势监测预警团队信息，以 2021 年 11 月份生鲜乳交售均价 4.37 元 / kg 计算，牧场单头泌乳牛日均增收 14.68 元。

3）安全和环境影响

在对日粮进行科学评估的基础上，科学添加不饱和脂肪酸、植物提取物，可提高动物饲料利用效率，不会影响动物健康和生产性能，具备良好的技术安全性。另外，本技术的推广应用将实现奶肉牛胃肠道 CH_4 排放减少 10% 以上，对于碳达峰碳中和目标的实现与人民生活环境的改善具有重要意义。

3. 技术发展预测和应用潜力

农业农村部 2020 年发布的《2019 年畜牧业发展形势及 2020 年展望》显示，2019 年我国荷斯坦奶牛存栏量为 460.7 万头，肉牛存栏量为 6 998.0 万头。假设单头奶牛 CH_4 排放量为 400 g/d、单头肉牛 CH_4 排放量为 150 g/d，该技术应用后，以奶肉牛胃肠 CH_4 排放均降低 10% 计算，荷斯坦奶牛日减排 184.28 t，肉牛日减排 1 049.7 t，即奶牛、肉牛每年可减少 CH_4 排放 45.04 万 t，碳减排潜力巨大。

畜牧业 CH_4 排放量约占整个畜牧业温室气体排放量的 44%，其中胃肠发酵排放量占家畜 CH_4 排放总量的 90% 以上，即发生在家畜养殖端的 CH_4 排放较为严重。另一方面，胃肠道 CH_4 排放也是反刍家畜饲养过程中的重要能量损失，占日粮消化能的 2%～12%，占日粮代谢能的 6.5%～18.7%，也就是说，养殖端 CH_4 减排能够提升家畜能量利用效率，节约家畜养殖成本，符合家畜养殖从业人员的根本利益，容易推广应用。

此外，在日粮中添加不饱和脂肪酸、植物提取物等抑制瘤胃 CH_4 产生的技术在奶肉牛身上均有研究和应用，该技术适用于反刍动物养殖场，尤其是生产效率低、CH_4 排放量高的牧场。该技术的推广应用，可有效降低我国反刍动物胃肠 CH_4 排放量，若进一步联合其他降低 CH_4 排放营养调控技术，奶肉牛胃肠 CH_4 排放可降低 10% 以上。

4.2.3 填埋场温室气体排放控制技术

1. 技术介绍

1）技术定义

填埋场温室气体排放控制技术是指通过综合利用填埋气收集、无组织排放控制和小单元全密闭填埋等技术手段，对垃圾填埋场中温室气体 CH_4 的产生和排放进行控制。

2）技术原理

填埋场温室气体排放控制技术是一种多手段综合应用的可持续发展技术。主要有以下三种技术手段：一是填埋气收集，即利用横竖结合，对生活垃圾厌氧填埋后通过自身的生物降解过程而产生的复杂的可燃性气体进行收集；二是无组织排放控制，即通过改变覆盖层的活性材料，达到提高 CH_4 氧化率的目的，同时降低 CH_4 释放通量及 CH_4 负荷以促进 CH_4 减排；三是小单元全密闭填埋，即在填埋场分期分区工作完成后，在填埋场运行中，根据气体控制和雨污分流的需要，对各填埋区进行作业单元细分，通过小单元构建，大幅降低作业区覆盖面积和覆盖难度，及时进行非作业区的覆盖，防止臭味逸散并提高填埋气收集效率。

2. 技术成熟度和经济可行性

1）技术成熟度

填埋场温室气体排放控制技术目前已经进入了应用阶段，清华大学研究团队针对辽宁某填埋场三期工程，对不同材料覆盖层及不同收集系统对于填埋气排放控制的潜力进行了计算。计算得出填埋场在收集年限内（2009—2048 年），填埋气的减排量为 113 265.22 t CH_4 气体，相当于每吨垃圾可减排20.2 kg。多个国家都对不同材料覆盖的垃圾填埋场进行了研究，并采用收集效率对评估填埋场收集系统进行评估，不同垃圾填埋场收集效率如表 4–3 所示。

表 4–3　不同垃圾填埋场收集效率

填埋场位置	运行及覆盖情况	季节	方法	收集效率（%）
Lapouyade（法国）	薄的黏土中间覆盖层（运行区域）	夏天	现场监测模型模拟	54.1/90.3
		冬季		94.4/92.5
Lapouyade（法国）	薄的黏土最终覆盖层（封场区域）	夏天	现场监测模型模拟	94.6/90.3
		冬季		98.3/98.1
Filborna（瑞典）	木屑和污泥	秋季	现场监测	64.0
Hogbytorp（瑞典）	污泥和土壤（运行）	秋季	现场监测	41.0
PVLF（美国）	薄的黏土最终覆盖层（封场）	未报道	现场监测	96.5
Ammassuo（芬兰）	薄的黏土中间覆盖层（运行）	半年	现场监测	69.0
N/A	竖井收集系统且最终土层覆盖的已封场填埋场	N/A	综述	95.0
N/A	竖井收集系统且只有日覆盖的正在运行的填埋场	N/A	综述	60.0
N/A	竖井收集系统且具有中间土壤覆盖层的或安装横管收集系统并且只有日覆盖的正在运行的填埋场	N/A	综述	75.0
N/A	横管 – 竖井结合的收集系统且具有中间土壤覆盖层的正在运行的填埋场	N/A	综述	87.0
N/A	安装收集系统且具有 HDPE 膜的中间覆盖层的正在运行的填埋场	N/A	综述	90.0

2）经济可行性

填埋场温室气体排放控制技术安全可靠，目前覆盖层的选料需要一定的科研成本，但 CH_4 减排效果良好。

3）安全和环境影响

填埋场温室气体排放控制技术是具备良好安全性的环境友好型技术。

3. 技术发展预测和应用潜力

垃圾卫生填埋多年来作为我国主要的生活垃圾无害化处理方式，是大量消纳城市生活垃圾的有效方法，也是所有垃圾剩余物处理工艺的最终处理方法。垃圾填埋排放的 CH_4 量占人类活动排放总量的 12%，是全球第三大 CH_4 排放源。根据国家统计局统计数据显示，截至 2020 年年底，我国生活垃圾卫生填埋无害化处理厂共计 644 座，生活垃圾卫生填埋无害化处理量达 337 848 t /d。清华大学利用减排技术潜在削减率对我国正规填埋场添加不同材料覆盖层和收集系统的 CH_4 削减量进行了预测，如表 4-4 所示。由此可见，填埋场温室气体排放控制技术具有较大的应用潜力，我们今后应结合垃圾填埋厂实际情况，选取更适合的气体排放减排手段。

表 4-4 不同垃圾填埋场收集效率

覆盖层	收集系统	总削减率（%）	削减量（t）
无覆盖层	传统	37.04	1 139.33
	横井 + 膜下	66.82	2 055.52
	横井 + 竖井	42.65	1 311.82
	渗滤液导排 + 小单元 + 膜下与横竖井	81.22	2 498.24
土壤覆盖层	传统	66.04	2 031.39
	横井 + 膜下	66.82	2 055.52
	横井 + 竖井	71.65	2 203.88
	渗滤液导排 + 小单元 + 膜下与横竖井	81.22	2 498.24

续表

覆盖层	收集系统	总削减率（%）	削减量（t）
生物炭 – 土壤覆盖层	传统	84.16	2 588.77
	横井 + 膜下	66.82	2 055.52
	横井 + 竖井	89.77	2 761.26
	渗滤液导排 + 小单元 + 膜下与横竖井	81.22	2 498.24
堆肥覆盖层	传统	71.74	2 206.72
	横井 + 膜下	66.82	2 055.52
	横井 + 竖井	77.35	2 379.22
	渗滤液导排 + 小单元 + 膜下与横竖井	81.22	2 498.24
建筑渣土覆盖层	传统	62.74	1 929.87
	横井 + 膜下	66.82	2 055.52
	横井 + 竖井	68.35	2 102.37
	渗滤液导排 + 小单元 + 膜下与横竖井	81.22	2 498.24
矿化垃圾覆盖层	传统	89.54	2 754.26
	横井 + 膜下	66.82	2 055.52
	横井 + 竖井	95.15	2 926.76
	渗滤液导排 + 小单元 + 膜下与横竖井	81.22	2 498.24

4.3　过程控制典型关键技术

过程控制技术是 CH_4 温室气体减排的有力支撑。目前，泄漏与监测监控技术处于商业应用阶段，与国际成熟度相当，已得到推广。

1. 技术介绍

1）技术定义

该技术通过采用手持式总烃 / 甲烷检测器、手持式红外热成像仪，规模组网式甲烷检测器布设，或使用红外光谱检测器法，实现对于油气生产场站各组件，如管道、泵、压缩机、阀门、法兰等排放源的检测，识别排放源并修复后，实现 CH_4 减排。

2）技术原理

泄漏检测与修复技术一般工作流程如图 4-4 所示。油气生产过程中由于泄漏带来的 CH_4 排放被认为是重要的排放源之一，国内外油气生产企业一般通过实施泄漏检测与修复工作对这一类 CH_4 排放源进行控制。该项技术主要通过红外热成像等泄漏气体识别手段查找泄漏点，并依据修复后检测结果确认泄漏是否得到控制。由于泄漏检测与修复手段需要投入较多的人力，近年来国外油气田生产企业正在研究基于传感器或红外光谱的场站 CH_4 排放检测与溯源技术，通过对环境空气 CH_4 浓度检测，结合场内重点 CH_4 排放源的排放特征模型，进行排放源的溯源工作。

2. 技术成熟度和经济可行性

1）技术成熟度

据评估，该技术成熟度为 5 级，基本实现了商业化应用，但现有设备在量化组件及 CH_4 泄漏排放方面仍存在不足。在技术实际应用过程中，仍需投入大量的人力进行组件的逐个检测，耗时较多，后期仍需开发基于传感器、红外光谱等泄漏预警及溯源、量化的智能设备。

2）经济可行性

该技术目前在企业应用基本可行，主要费用为前期根据设备与组件信息判断识别动静密封点、人工现场检测以及检测设备等费用。

3）安全和环境影响

该技术在现场应用安全性较高，需要重点加强检测人员高处作业、转动设备检测等方面的安全管理。基于氢火焰离子法的检测设备需使用空气、H_2，无环境影响。

3. 技术发展预测和应用潜力

根据国际能源署的估算，油气设备组件泄漏产生的 CH_4 逸散排放占油气

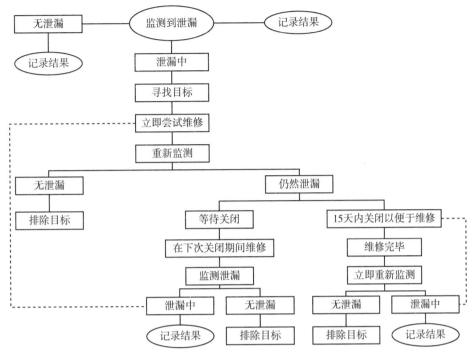

图 4-4　泄漏检测与修复技术一般工作流程

行业 CH_4 排放一半以上，这一类排放主要通过 CH_4 泄漏检测与修复技术实现减排。通过定期常态化的泄漏检测，修复泄漏组件，替换高排放组件，将显著降低排放水平。在具体技术实施方面，该技术在我国炼油化工领域由于挥发性有机物控制要求已有应用；而在油气生产过程中，该项技术自 2020 年起才开始应用，现有人工泄漏检测与修复技术（LDAR）已在全球得到广泛应用。在技术迭代方面，国际油气生产公司正通过研发基于固定式传感器的场站 CH_4 排放检测与溯源技术，以进一步降低广泛检测所带来的人工检测费用，该技术目前还处于现场试验阶段。基于红外光谱技术的危险气体泄漏识别/可燃气体识别技术在国内已开展技术应用示范，在精度足够的情况下，该技术同样能够应用于油气生产场站的泄漏检测与识别，具有一定应用前景。

4.4　末端处置典型关键技术

末端处置技术是 CH_4 温室气体减排的最后关口，整体处于中试阶段；煤矿风排瓦斯氧化处理技术处于工业示范阶段，两者预计在未来 5～10 年达到技术成熟。

在减排重要性方面，至 2060 年，末端处置在 CH_4 消减技术领域的贡献预计将超过 10%。

4.4.1　油气生产过程伴生气回收技术

1. 技术介绍

1）技术定义

伴生气又称油田气、套管气，指以溶解、游离、分散或聚集状态分布于油层内及气顶中的天然气。伴生气主要由甲烷、乙烷、丙烷、丁烷、戊烷等碳氢化合物组成[69]。它的特征是乙烷及以上烃类含量较天然气高（35%）。而天然气绝大部分是甲烷（93%），只含有少量的乙烷及以上烃类（4.8%）。

伴生气同石油、天然气一样，是不可再生的优质资源，伴生气中丙烷、丁烷是生产液化石油气（LPG）的重要组分；戊烷、己烷等更重组分又是生产稳定轻烃的组分；副产品干气，主要是甲烷和乙烷，可以用作加热炉燃料、用于燃气发电、生产 LNG/CNG。伴生气的回收和综合开发利用，可以创造更大的经济价值，并减少温室效应。

2）技术原理

伴生气回收利用的基本方式是把分散的湿气汇集到轻烃厂，生产高价值的轻烃产品，副产品干气用作燃料或加工 LNG/CNG。目前伴生气回收利用工艺技术体系可以分为三部分：一是前端井组集气；二是中间站点回收；三是末端轻烃生产[70]。如图 4-5 所示。

对于套压高于回压的油井，主体采用定压阀回收伴生气；对于套压低于回压、伴生气量较少的油井，我们推广套管密闭憋压生产，形成"定压集气＋密闭憋压"相结合的井口集气工艺模式。

在中间处理站点，根据气油比、气量和输送距离等因素，系统形成了"分输混输相结合，自压增压互补充"的站间集气模式，形成了"站间串接、区域互补、湿气生产、干气返供"的油田气网格局。

中间站点输送过来的伴生气及原油稳定气，通过轻烃回收装置生产出高附加值的液化石油气（LPG）、轻烃、副产品干气。

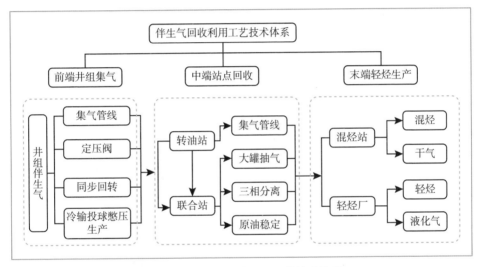

图 4-5　伴生气回收利用工艺技术体系

2. 技术成熟度和经济可行性

1）技术成熟度

当前该技术基本已实现在企业的推广应用。

2）经济可行性

该技术经济成本相对较低，集气混抽等技术主要为新增井口附件，无须新建设备投资。

3）安全和环境影响

由于该技术实施过程涉及井口作业，需要遵守地面工程操作的相关安全要求，减少伴生气逃逸、原油泄漏等对环境的影响。

3. 技术发展预测和应用潜力

中国石油长庆油田通过采用集气管柱＋强排气能力的抽油泵相结合的油井井下集气混抽工艺管柱，实现了油气混输，减少了套管气排放。站点研制高压缩比、免修期长、自动化程度高的增压装置，其设计压力高达 2.5 MPa，输气能力可达 8 000 m^3/d，实现了伴生气从井口——站点——联合站（大型站点）的密闭集输。利用该项技术，套管气回收率由 50% 提高到 85%；伴生气增压装置的最大压缩比由 3 提高到 12。由该技术形成的井下集气混抽装置在长庆油田实现日回收套管气 2 653 m^3，井口套管气的排放量降低 87.7%，伴生气密闭回收装置瞬时流量 260 m^3/h，日外输气量约 6 000 m^3。该技术在我国长庆油田、胜利油田已实现规模化应用，其中在长庆油田已形成 10 亿 m^3/a 的回收能力，在胜利油田年回收能力达到 2 800 万 m^3/a，伴生气回收率达到 80% 以上，实现了井下高效密闭回收，大幅减少了井口及油气处理过程中的 CH_4 排放。

4.4.2 煤矿风排瓦斯氧化处理技术

1. 技术介绍

1）技术定义

煤矿风排瓦斯氧化处理技术是通过蓄热体把风排瓦斯温度提升到可以连续氧化反应的起始温度以上，在此高温下直接反应生成 CO_2 和水蒸气，大量热能从烟气中转移至蓄热体，用来加热下一次循环风排瓦斯的一种技术。该技术分为蓄热氧化技术和催化氧化技术。

2）技术原理

（1）蓄热氧化技术

蓄热氧化技术主要靠蓄热式热氧化器（Regenerative Thermal Oxidizer，RTO）来实现，该装置也称为热逆流氧化反应器（Thermal Flow Reversal Reactor，TFRR）[71, 72]。热逆流氧化反应器主要由换向阀门、反应器床层、启动热装置等部分组成。反应器床层两端装填有硅土材料或者陶瓷之类的蓄热介质，中部有燃烧室、蓄热室、气流分布室、换热器等热交换装置。该装置的技术核心是流向周期性的切换。与传统稳态操作的反应器相比，该方法大大提高了绝热温升，在控制好参数的情况下，即使没有外部加热，仍能维持自热运行，其基本运行原理如图 4-6 所示[71]。

首先，我们使用外部预热的办法将反应器装置内部温度升高到 700℃ 左右。预热完成后，将阀 1、阀 4 打开，室温下的风排瓦斯按照绿色箭头方向流经反应器，风排瓦斯经上段蓄热陶瓷的预热，温度逐步升高至起燃温度后，开始发生热氧化反应并释放大量的化学反应热，一部分热量用来加热下段的蓄热陶瓷，同时通过换热器抽取多余热量，经过热交换之后的低温烟气经阀 4 从右端出口排出，这是半个周期的操作过程。下一个半周期开始时，我们将阀 1、阀 4 关闭，打开阀 2、阀 3，流向进行切换，进口的风排瓦斯按照蓝色箭头方向流动，此时下段的蓄热陶瓷内蓄积的热量可用来加热进口风排瓦斯，再次发生氧化反应，释放反应热，高温烟气将反应放出的热量蓄积在上段蓄热陶瓷后，再通过阀 3 流出反应器。此时，一个换向整周期（简称"换向周期"）结束。不断重复流向切换过程可维持 CH_4 自热氧化反应的进行，不再需要额外的热量供给。而化学反应放出的热量除了能够维持反应器自热运行外，抽取的高品位热能（温度 900℃ 左右）通过换热等方式进行供热、发电。

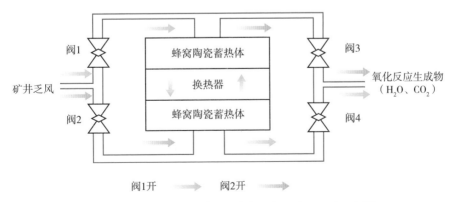

图 4-6　蓄热式热氧化（热逆流氧化）反应器原理示意图

（2）催化氧化技术

催化氧化技术在蓄热氧化技术原理基础上，在反应器中央增加了低温氧化催化剂，使得矿井风排瓦斯发生氧化的温度大幅降低，使氧化反应器保持在350～800℃范围运转，其工作原理与蓄热氧化技术基本相同。系统通过 CH_4 氧化释放出的能量，来维持系统连续氧化反应，采用气气（air-to-air）、气水（air-to-water）热能交换器，将热能不断交换出来利用。相比蓄热氧化技术，催化氧化技术可在较低温度下运转，减少了项目材料成本，反应器在 VAM 波动时更容易控制。但是催化氧化技术需要采用贵金属催化剂，在煤矿风排瓦斯条件下，催化剂容易中毒，影响使用寿命。催化氧化技术尚处于试验阶段，其工作原理见图 4-7 所示。

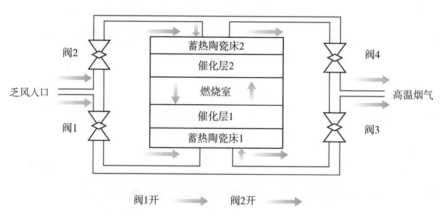

图 4-7　催化氧化（热逆流催化氧化）反应器原理示意图

3）国内外技术发展及应用情况

美国 MEGTEC 公司研制的 VOCSIDIZER 是典型的蓄热氧化装置，从 1994年起先后在英国煤炭公司、澳大利亚必和必拓公司、澳大利亚西崖煤矿推广应用，被广泛用于处理浓度在 0.3%～1% 之间的煤矿乏风瓦斯，其产生的热量可用于发电、生产热水和蒸汽。

2008 年，VOCSIDIZER 蓄热氧化装置进入中国，先后在郑州煤业集团、重庆松藻煤电有限公司推广应用，此装置通过处理煤矿乏风瓦斯生产热水、蒸汽和发电。

2015 年，潞安集团高河乏风氧化利用发电项目正式竣工验收，项目装机容量 30 MW，采用 12 台美国杜尔公司的乏风瓦斯氧化装置，单台装置处理乏风 90 000 Nm^3/h，能处理 1% 以下的煤矿乏风瓦斯，温室气体排放量每年能减少 140 万 t CO_2-eq。目前有 6 台乏风瓦斯氧化装置运行发电，平均每小时发电量 1.2 万 ~ 1.4 万度，日发电量保持在 30 万度左右。

国内科研院所和企业也开展了大量的煤矿低浓度瓦斯蓄热氧化技术研究。中国煤炭科工集团开发了低浓度瓦斯安全输送系统、智能自动混配系统、瓦斯蓄热氧化综合安全防护系统等，实现了抽采瓦斯与风排瓦斯安全精准混配，有效降低了瓦斯蓄热氧化利用项目的建设投资和运行成本，提高了相关项目经济效益。山东胜利动力集团公司于 2009 年在陕西彬长大佛寺煤矿安装了一台处理量为 60 000 Nm^3/h 的煤矿通风瓦斯氧化装置，该装置可生产过热蒸汽。目前，该项目一期已安装 5 台氧化装置，建成装机容量为 4 500 kW 的蒸汽轮机发电厂。山东淄博淄柴新能源有限公司与高校合作研制了乏风处理量为 40 000 Nm^3/h 的煤矿乏风瓦斯蓄热氧化装置，已在邯郸矿业集团陶二矿进行试验。

我国煤矿风排瓦斯浓度较低，为确保安全生产，主要煤炭企业矿井风排瓦斯浓度一般在 0.4% 以下（《煤矿安全规程》规定不超过 0.75%），较低的风排瓦斯浓度会影响系统运行的稳定性、瓦斯处理效率以及项目的经济性。

2. 技术成熟度和经济可行性

1）技术成熟度

目前国内已经建成了 20 余个以抽采低浓度瓦斯与矿井乏风或空气混配作为气源，进行发电、供热、煤泥烘干、冷热电联供等蓄热氧化热能利用项目，技术较为成熟。未来主要研究方向为针对 CH_4 浓度 0.4% 以下的风排瓦斯蓄热氧化稳定运行技术及装备的研究。

2）经济可行性

煤矿风排瓦斯氧化处理技术有利于减少强温室效应气体排放，保护环境。项目本身经济性较差，与煤层气内燃机发电技术相比，每利用 1 m^3 纯 CH_4 需增加成本 1.5 元左右，CH_4 浓度越低，成本越高。

3）安全和环境影响

该技术已在实践中得到应用，技术安全性较高，生产过程中基本无废水、废气及固废物产生，运行噪声符合环保的要求。

3. 技术发展预测和应用潜力

目前我国煤矿每年产生的风排瓦斯约 160 亿 m^3，折合二氧化碳当量约 2.9 亿 t。随着国家煤炭战略转移，西部地区成为未来煤炭的主要生产基地，煤炭集约化生产会产生大量的超低浓度风排瓦斯，稳定地利用或销毁是煤矿风排瓦斯氧化处理技术未来发展的主要方向。煤矿风排瓦斯氧化处理技术的优化研究，提高了技术的适用性，对煤矿生产 CH_4 减排意义重大，应用潜力巨大。

4.5 综合利用典型关键技术

综合利用技术是非二氧化碳温室气体减排的有效补充，整体处于工业示范阶段。目前，煤矿瓦斯利用或销毁技术也处于工业示范阶段，预计在未来 5～10 年达到成熟。此两项技术与国际成熟度水平相当。废弃煤矿瓦斯收集利用技术处于商业应用阶段，预计在未来 10～15 年达到成熟，该项技术领先于国际成熟度水平。

4.5.1 煤层气深冷液化提纯技术及装备

1. 技术介绍

1）技术定义

煤层气深冷液化提纯技术是针对煤矿抽采 CH_4 浓度大于 30% 的煤层气，将其净化后，在低温低压状态下利用不同气体组分的沸点差，通过精馏直接分离 CH_4 和 O_2、N_2，形成液化天然气（LNG）的技术。

2）技术原理

低浓度煤层气深冷液化技术原理是利用气体的沸点差，在低温低压状态下通过液化精馏直接分离 CH_4 和 O_2、N_2。其工艺流程主要包括原料气过滤与计量、原料气压缩、脱酸、脱水、制冷与液化系统、LNG 储运系统等单元，如图 4-8 所示。

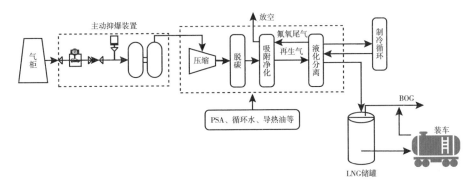

图 4-8　低浓度煤层气深冷液化技术原理图

瓦斯储罐中的原料气，先经气液分离器分液（主要是游离水）、过滤器除尘后，再经活塞压缩机送至净化装置，脱除原料气中的 CO_2 和硫化氢等酸性气体。经压缩、净化后的原料气，进入冷箱，依次经过三级换热器与返流冷流体交换热量，温度逐级降低，降温后的原料气进入分馏塔，气体部分自下而上经过塔板，部分原料气在分馏塔顶部被冷凝为液体，液体在塔中向下流动。液体在分馏塔底部被蒸发，成为分馏塔的气体，自下而上流过塔板，与向下走的液体进行热、质交换。

从分馏塔底部引出的液体即为 LNG，纯度为 99% 以上，进入 LNG 储罐储存。装车时，工作人员用低温泵将 LNG 打入低温槽车，运出厂外。

从分馏塔顶部引出的空气，减压后返回换热器，复热后出冷箱，去净化系统用作再生气。

混合冷剂经过循环压缩机压缩，水冷后，进入气液分离器，气相和液相分别进入冷箱换热器，温度降低后，液相减压进入低压返流管路并提供冷量。

气相冷却后减压进入精馏塔顶冷凝器，然后返流依次经过各级换热器复热后出系统，回到压缩机入口，继续循环。

2. 技术成熟度和经济可行性

1）技术成熟度

目前中国科学院理化技术研究所与中国煤炭科工集团、山西华阳新材料科技集团、贵州盘江煤电集团等合作开发了低浓度煤层气深冷液化提纯工业性试验系统，并开展了示范应用。该技术未来主要的研究方向为小规模易移动撬装化经济高效深冷液化成套装备的研制，重庆研究院已就此组建了专业技术研发团队。

2）经济可行性

该技术经济性受项目规模、运行稳定性及运行负载影响较大，盈利能力较差，与煤层气发电技术相比，每利用 1 m^3 高浓度 CH_4 约需增加成本 0.8 元。

3）安全和环境影响

该技术目前尚处于工业性试验应用初期阶段。生产过程中基本无废水、废气及固废物产生，运行噪声符合环保的要求。

3. 技术发展预测和应用潜力

该技术工艺流程简单、低温低压、安全可靠、回收率高、LNG 产品纯度高、运输方便、单位能耗低，适用于 CH_4 浓度 30% 以上、混合量 10 万 m^3/d 以上的抽采瓦斯气源。研究安全可靠的低浓度煤层气加压技术，降低煤层气深冷液化提纯项目运行成本以及研发经济可行的小型化、撬装化技术及装备是未来该技术的主要发展方向。

我国煤矿目前每年直接排空的 CH_4 浓度 20% 以上的煤层气量约 25 亿 m^3，折合二氧化碳当量约 0.45 亿 t，该技术与煤层气发电、变压吸附提浓等技术综合应用，可实现直接排空煤层气的高效利用，技术应用潜力较大。

4.5.2　低浓度煤层气吸附提浓技术

1. 技术介绍

1）技术定义

低浓度煤层气吸附提浓技术，又称变压吸附（Pressure Swing Adsorption，PSA）分离技术，是基于吸附剂对低浓度煤层气混合物中各组分气体平衡吸附量、颗粒内外动力学扩散速率或微孔对各组分分子的位阻效应的差异来实现 CH_4、O_2 和 N_2 的分离的技术。该技术通过不断循环改变提浓过程的操作压力，实现吸附剂的吸附和再生，保证 CH_4 组分能够连续得到浓缩或纯化[73, 74]。

2）技术原理

变压吸附分离技术就是利用吸附剂对煤层气中各组分在不同分压下具有不同的吸附容量、吸附速度和吸附力，并且在一定压力下对被分离的气体混合物中各组分有选择性吸附的特性，加压除去混合气中的某些组分，减压脱附被吸附的某些组分，从而使吸附剂获得再生并且达到提纯的目的。变压吸附分离技术具有能耗低、操作灵活方便、常温下连续运行等优势，是目前实现工业化气体吸附分离的主要技术之一，已广泛应用于石油化工、钢铁、冶金等领域。

变压吸附气体分离工艺过程之所以得以实现是由于吸附剂在这种物理吸附中具有两个基本性质：一是对不同组分的吸附能力不同；二是吸附质在吸附剂上的吸附容量随吸附质的分压上升而增加，随吸附温度的上升而下降。我们利用吸附剂的第一个性质，可实现对混合气体中某些组分的优先吸附而使其他组分得以提纯；利用吸附剂的第二个性质，可实现吸附剂在低温、高压下吸附，而在高温、低压下解吸再生，从而构成吸附剂的吸附与再生循环，达到连续分离气体的目的。

吸附平衡是指在一定的温度和压力下，吸附剂与吸附质充分接触，最后吸附质在吸附相和气相、两相中的分布达到平衡的过程。吸附分离过程实际上就是一个平衡吸附状态的变化过程。

在实际的吸附过程中，吸附质分子会不断地碰撞吸附剂表面并被吸附剂表面的分子引力束缚在吸附相中；同时吸附相中的吸附质分子又会不断地从吸附剂分子或其他吸附质分子中得到能量，从而克服分子引力离开吸附相；当一定时间内进入吸附相的分子数和离开吸附相的分子数相等时，吸附过程就达到了平衡。在一定的温度和压力下，对于相同的吸附剂和吸附质，该动态平衡吸附量是一个定值。

在压力高时，由于单位时间内撞击到吸附剂表面的气体分子数多，因而压力越高，动态平衡吸附容量也就越大；在温度高时，由于气体分子的动能大，能被吸附剂表面分子引力束缚的分子就少，因而温度越高，平衡吸附容量也就越小。

在变压吸附工艺中，通常吸附剂床层压力即使降至常压，被吸附的组分也不能完全解吸，因此根据降压解吸方式的不同可将其分为两种工艺：

一种是用产品气或其他不易吸附的组分对床层进行"冲洗"，使被吸附组分的分压大大降低，将较难解吸的杂质冲洗出来的工艺，其优点是解吸过程在正压下即可完成，不再增加任何设备，但缺点是会损失部分产品气体，降低产品气的吸收率。

另一种是利用抽真空的办法降低被吸附组分的分压，使被吸附的组分在负压下解吸出来的工艺，这就是真空变压吸附（Vacuum Pressure Swing Absorption，VPSA）。VPSA 工艺的优点是再生效果好，产品收率高，但缺点是需要增加真空泵。

2. 技术成熟度和经济可行性

1）技术成熟度

目前煤炭科学技术研究院有限公司、四川省达科特能源科技股份有限公司等已分别在山西华阳新材料科技集团、晋能控股集团、贵州盘江煤电集团等地建设了低浓度煤层气变压吸附提浓工业性试验系统，并开展了示范应用，技术较为成熟。该技术未来主要研究方向为高性能吸附剂、高效工艺流程及成套装备的优化完善。

2）经济可行性

煤矿抽采低浓度煤层气 CH_4 浓度低、波动大，气源水分、灰分等杂质含量高，系统运行效率受到影响，盈利能力不强，与煤层气发电技术相比，每利用 $1 \, m^3$ 纯 CH_4 需增加成本 0.6 元左右。

3）安全和环境影响

该技术已得到了广泛应用，技术安全可靠，生产过程中基本无废水、废气及固废物产生，运行噪声符合环保的要求。

3. 技术发展预测和应用潜力

该技术工艺流程简单、低温低压、安全可靠、回收率高、产品纯度高、运输方便、单位能耗低，适合抽采 CH_4 浓度 20% 以上的煤矿瓦斯抽采系统。低浓度煤层气吸附提浓技术是未来的主要发展方向，主要包括：适用于爆炸限煤层气浓缩专用抑爆吸附剂、低分压 CH_4 吸附专用吸附剂、复杂组分煤层气吸附分离专用吸附剂；短流程煤层气提质浓缩撬装化工艺；爆炸限内煤层气抑爆提质高效利用工艺；大通量快速提质装置；煤层气浓缩与其他利用技术途径的耦合利用技术等。该技术可实现部分直接排空低浓度煤层气的利用，应用潜力较大。

4.5.3　低浓度煤层气发电提效技术

1. 技术介绍

1）技术定义

低浓度煤层气发电提效技术是通过在线自动清洗低阻力干式阻火技术、尾气余热降温及机械联合脱水技术提高煤矿区低浓度瓦斯发电机组的发电效率和开机率的技术。

2）技术原理

（1）余热降温与机械联合脱水技术与装备

该技术首先采用低浓度煤层气发电机组产生的尾气作为热源，使溴化锂吸收式制冷机组产生冷量，来达到制取冷水的目的；然后用冷水和发电机组的原料气（瓦斯气体）进行热交换，降低气体温度，并析出冷凝水，运用机械脱水装置脱除析出的冷凝水；再利用低浓度煤层气发电机组的缸套水为脱水后的瓦斯气复温，使进入发电机组气缸的瓦斯气体无液态水，最终达到提高发电效率的目的。

（2）自动清洗技术与装备

传统的解决瓦斯输送管道阻火器堵塞问题的方法是定期拆除阻火器的阻火芯并清洗，需耗费大量人力和物力，且不能确保每次都是在阻火芯已经发生堵塞后就能及时清洗。"十三五"期间我国研发了具备自清洗功能的干式阻火器。

当处于工作状态的自清洗干式阻火装置堵塞导致阻火芯两侧压力超过规定值时，高压泵运转，打开控制阀，喷嘴向停止工作的阻火装置阻火芯喷射高压水射流，清洗阻火芯，产生的污水通过正压放水器从排污口排走，实现堵塞后及时清洗和不停机自动清洗。

2. 技术成熟度和经济可行性

1）技术成熟度

目前 CH_4 浓度为 8%～30% 的低浓度煤层气发电提效技术已经得到了广泛的应用，技术成熟，未来主要研究方向为发电余热的高效利用、尾气低氮清洁排放及高效发电等。

2）经济可行性

在目前的标杆电价及煤层气发电上网补贴政策下，与其他利用方式相比，低浓度煤层气发电项目具有较强的盈利能力。

3）安全和环境影响

该技术已得到广泛应用，技术安全性较高，但尾气氮氧化物含量较高，需净化处理；运行噪声较大，需做降噪消音处理。

3. 技术发展预测和应用潜力

该技术工艺流程简单，可以广泛应用于煤矿瓦斯发电站，利用煤层气发电机组尾气及缸套水余热，显著降低气源含水量，提高低浓度煤层气发电气源品质，在有效提高发电机组开机率及发电效率的同时，大幅延长发电机组主要部件的使用寿命，提高低浓度煤层气发电站经济效益。

未来，该技术主要以提高低浓度煤层气发动机组运行效率，增强运行的稳定性、可靠性，以及降低尾气氮氧化物排放为发展方向。我国煤矿瓦斯发电机组装机容量已突破 200 万 kW，该技术应用潜力巨大。

4.5.4　油气生产排放综合利用技术

1. 技术介绍

1）技术定义

该技术主要针对油气生产过程中无法通过源头减量及过程控制等手段实现回收利用的 CH_4，即试采、测试阶段放空燃烧的 CH_4，通过将这一部分气体捕集后转化为其他天然气产品，如天然气水合物、压缩天然气、液化天然气等，实现对 CH_4 的综合利用。

2）技术原理

针对放空 CH_4 的综合利用，一般有集中捕集、高附加产品转化等四类技术。除了针对天然气直接转化为甲醇等高附加值产品的催化剂研究之外[75]，放空燃烧 CH_4 量较大的尼日利亚，还建设了 1.4 万 m^3/d 的小型天然气转液态产品（GTL）回收装置，将回收的 CH_4 转化为柴油、甲醇以及氨等产品。基于 GTL 理念优化后的 STG+ 技术也在西非陆上油气田以及海上浮动平台进行了应用[76]。

针对放空天然气回收利用，国内以转化为液化天然气、压缩天然气、发电等方式居多，而在管道输送过程中，还会采用压差回收天然气等技术，井口或放空天然气口采用液态产品转化的技术尚未见相关应用[77, 78]。

2. 技术成熟度和经济可行性

1）技术成熟度

当前该技术基本实现了企业的推广应用。目前该技术存在的主要挑战是针对试采放空初期实现 2 000 m³/d 以内气量的有效回收，研究人员仍需在装置小型化、高操作弹性以及回收产品技术路线方面开展攻关。

2）经济可行性

该技术单套设备投资可达上百万，在装置回收气量及井数较高时，能获得一定的经济效益。

3）安全和环境影响

由于技术应用需接入井口工艺流程，主要需要考虑井口正常试采生产影响的最小化，防止憋压。针对页岩气等 CH_4 浓度较高的天然气产品，装置运行过程仅产生少量的水，对环境影响较小。装置在设计时，应根据周边环境要求，加强在噪声方面的控制。

3. 技术发展预测和应用潜力

塔里木油田是较早开展放空天然气治理工作的区域之一，除了针对低压放空气采取增压处理回收、部分气体回注地层、高压高产井进行高压分离回收外，还针对边远零散天然气井以及试采井通过脱硫、增压、脱水后开展 CNG 技术回收，并在天然气处理站利用 LNG 技术开展放空气的回收。除了针对正常工况外，塔里木油田还在天然气处理站检维修期间通过增加增压设备进行放空天然气的回收。另外，针对海上油气开发，它还分别有针对单个平台的浮式天然气液化（FLNG）技术，以及针对油田群的伴生气管网循环利用优化等方面技术的应用。

中国石油安全环保技术研究院成功研发了基于分子筛脱水结合 CNG 的页岩气开发试采放空气的回收利用装置并完成了现场工业试验，装置处理弹性 30%～110%，气体损失小于 1.6%（CH_4 减排量 98.4%），出口产品压力 20 MPa～25 MPa，出口温升小于 25℃，出口气体露点降小于 –65℃，单日回收天然气量达到 2.9 万 m³，通过建立收集–压缩–输送集成一体的运输方式，实现了不含硫天然气的回收利用。

从当前国内外放空天然气回收利用技术的应用情况来看，适用于较高放空气量（＞2 万 m³/d）的压缩天然气、液化天然气技术在国内已得到普遍使用，然而在控制典型放空气排放源的同时，针对边远零散井、低压、小气量放空井的天然气回收利用也应提上日程。在建设成本合理，投资回报率较高的前提下，井口及处理站天然气直接转化为液态产品的技术路线将具有较大应用潜力。

4.6　小结

我国 CH_4 减排起步晚、潜力大，应作为减缓气候变化的工作重点之一。CH_4 排放中，能源活动和农业活动是主要的 CH_4 排放源，其次是废弃物处理领域的 CH_4 排放。能源活动中的 CH_4 减排应优先关注煤炭开发和矿后活动 CH_4 排放、油气行业 CH_4 逃逸。农业活动中的 CH_4 减排应优先关注动物肠道发酵 CH_4 排放和水稻种植 CH_4 排放，支持低排高产水稻品种筛选和选育，并加大低排高产水稻品种的推广。废弃物处理领域中的 CH_4 减排可通过 CH_4 回收利用等方式，减少 CH_4 排放。

当前非二氧化碳温室气体减排主要依靠原料替代、生产方式改良、提高利用效率、末端回收利用等方式。从短期来看，CH_4 的减排重点主要是末端回收和过程控制技术的推广应用。而长期来看，CH_4 减排则需要稳步推进前端需求消减或替代进程，如推广低排高产水稻育种改良技术与反刍动物瘤胃 CH_4 减排技术等。在现有减排技术全部实施的条件下，CH_4 温室气体的减排可能到 2060 年仍然不能实现净零排放，我们需通过改变行为模式、降低活动水平、研发颠覆性技术等方式实现 CH_4 深度减排。

第 5 章

氧化亚氮减排技术评估

5.1 氧化亚氮减排技术应用场景现状

5.1.1 应用场景

N_2O 是仅次于 CO_2 和 CH_4 的主要温室气体，是《京都议定书》规定的六种温室气体之一。其增温效应显著，对全球温室效应的贡献率约占 6%。N_2O 在大气中浓度的急剧增加，对全球生态环境产生了恶劣影响，因此联合国环境规划署于 2013 年发布了《削减一氧化二氮排放保护臭氧层和缓解气候变化》报告，强调要采取行动削减 N_2O 的排放[79]。排放到大气中的 N_2O 既有自然来源（约 60%），也有人为来源（约 40%），其中人为来源主要包括农业、废水处理、燃烧及其他工业加工等。由于使用氮肥和粪肥，农业占所有人为来源 N_2O 排放量的 70%。农业 N_2O 排放的主要来源是东亚、欧洲、南亚和北美等地使用的合成氮肥，在非洲和南美洲则主要是牲畜粪便的排放。就排放量增长而言，贡献最大的是新兴经济体，尤其是巴西、中国和印度。近几十年来，这些国家的作物产量和牲畜数量迅速增长，导致其 N_2O 排放量也逐年增加。其他的 N_2O 排放途径主要包括化工及能源行业（如工业制备硝酸及己二酸领域、化石燃料加工及燃烧），废水、废弃物处理领域等[80]。因此，针对上述领域 N_2O 的减排行动和技术开发是控制 N_2O 排放的研究重点。

1. 农业领域氧化亚氮减排技术应用场景现状

从 20 世纪末，人们就开始关注农业领域 N_2O 减排，有研究指出，如果采取适当的减排措施，可以在全球范围内减少 20% 的农田土壤 N_2O 排放[81]。目前，世界多国都在从事 N_2O 减排措施的开发和研究，如中国、美国、新西兰、加拿大、法国、德国、巴西、澳大利亚等。大部分研究技术的应用场景侧重于作物选育、施肥优化、生物质堆肥及农业管理[82]。

1）作物选育

作物选育的目的在于优选培育高效生长的农作物，促进其对肥料的吸收，以减少后续农药、肥料的施用，从而间接减少 N_2O 的排放。此技术通过把控农业生产前端作物质量，使农作物本身对氮肥吸收效率显著提高，有助于缓解由于氮肥过剩而引起的 N_2O 排放问题。

2）施肥优化

施肥优化是削减农田 N_2O 的主要措施，其重点在于减少氮肥施用量、提高氮肥的使用效率及优化施肥结构。其中，减少氮肥施用量是首要任务，巨晓棠在《科学时报》上指出，过量施用氮肥不仅无助于粮食增产，反而会诱发环境污染，若在中国现有集约化农业体系中减少约三成氮肥施用量，既可维持粮食高产，又能够有效降低氮肥对环境的污染[83]。据估计，减少氮肥施用量可以降低 6% 的农田土壤 N_2O 排放量。其次，提高氮肥使用效率可以减少土壤有效氮的含量，进而降低土壤 N_2O 排放以及氮的损失。据推测，在其他条件不变的情况下，将化肥的利用率从目前的 40% 提高到 60%，土壤 N_2O 的排放将会降低 25.7%[84]。改变施肥的方式（氮肥的混施、深施或条施等）、使用缓释肥料和改善水分管理等方法均可提高氮肥利用率，增加作物产量，减少氮素损失和 N_2O 排放。鉴于农田土壤中氮的损失主要源于微生物对氮肥的硝化和反硝化作用（机理如图 5-1 所示），因此，引入硝化抑制剂，减少硝化细菌的活动，减缓土壤中铵态氮转化为硝态氮的速度，可以提高氮肥作用与农作物的效率，减少 N_2O 排放。多数研究结果表明硝化抑制剂的 N_2O 减少效率在 50% 到 70% 之间[85]。最后，优化施肥是指优化或改变农民进行农业活动的工作方法，重点是改变传统的施肥方式。改用长效和缓效肥料，在多种作物上可实现一次性施肥，不用追肥，能简化施肥程序，使播种与施肥同步进行，提高肥料利用率。另外我们可以在作物收获后种植一些其他作物来减少休耕期，而这些作物也可以用作绿色有机肥。GAINS 模型中假设优化施肥可以减少 5% 的氮肥施用量，那么农田 N_2O 排放则能减少 5%。

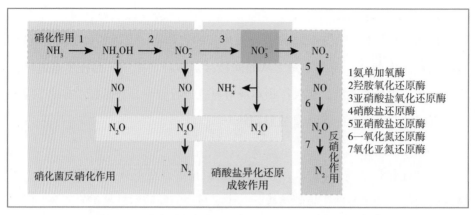

图 5-1　硝化与反硝化过程中 N_2O 产生机理示意图[85]

3）生物质堆肥

生物质堆肥是通过微生物代谢（发酵）使农业废弃残留物（畜牧动物粪便、作物残留物等）可降解组分分解，形成腐殖质，以减少 N_2O 的直接排放，大幅降低 NH_3 导致的 N_2O 间接排放，并替代化肥使用，提高土壤有机质含量。生物质堆肥是中国人数千年来农田施肥的历史经验，也是处置农业残留物、减少环境污染和 N_2O 排放的有效途径之一。随着技术革新，传统堆肥逐渐向高效生物堆肥发展，以提高有机质腐熟效率，减少有害物质（CH_4、N_2O 等）排放。

4）农业管理

20 世纪下半叶农业生产得以高速发展，除了依靠生物技术的进步和耕地、灌溉面积的扩大外，还因为我们在操作技术、管理体系等方面进行了大量研究，以推进高新技术驱动下的精准农业发展。精准农业（Precision Farming）又称为精确农业，是当今世界农业发展的新潮流，它包括精确播种、精确施肥、精确灌溉、精确收获四个环节。其中，精确施肥通过向农作物提供其所需要的养分，避免造成不必要的养分浪费，从而减少氮肥的施用量，可有效解决肥料利用率低、污染环境、生产成本偏高等问题[86]。精准农业是一个有发展潜力的减排措施。

2. 废弃物及污水处置领域氧化亚氮减排技术应用场景现状

污水处理厂是 N_2O 排放的人为源之一，根据美国环保局（USEPA）的报告，污水处理厂排放了全球约 3% 的 N_2O。基于文献报道，污水处理中的 N_2O 主要产生于以下几个过程：好氧氨氧化菌（*Aerobic ammonia-oxidizing bacteria*，AOB）的亚硝化作用、好氧氨氧化菌的反硝化作用、异养反硝化菌（*Heterotrophic denitrifier*，HDN）的反硝化作用[87]。亚硝化过程即 NH_3 先在跨膜蛋白氨单加氧酶（*Ammonia monooxygenase*，AMO）的作用下在胞内生成羟氨（NH_2OH），再经细胞周质的羟氨氧化还原酶（*Hydroxylamine oxidoreductase*，HAO）作用生成亚硝酸盐；反硝化作用则是异养反硝化菌在缺氧条件下利用反硝化酶系将 NO_3^- 或 NO_2^- 经 NO 和 N_2O 还原成 N_2。因此，减少废水厂 N_2O 释放的措施主要以削弱反硝化过程为主，包括：①减少好氧段 N_2O 的产生；②减少好氧段 N_2O 的释放；③增大缺氧段 N_2O 的还原；④优化生物质废物高效堆肥过程[88]。

1）减少好氧段氧化亚氮产生

在硝化过程中，低溶解氧（DO）、高进水氨氮浓度都会促进 N_2O 产生。硝化过程需要确保有足够的 DO 以使得 NH_2OH 和 NO_2^- 被及时氧化。实际废水厂的鼓风曝气量一般是恒定的，所以进水基质含量的波动会影响反应池内 DO 浓度，因此应尽量使进水均匀以免系统中 DO 浓度波动过大而促进 N_2O 产生。实时监控反应池内 DO 浓度处于合适范围也有利于避免 N_2O 积累。另外，维持足够的污泥停留时间（SRT）和中性的 pH 条件同样有助于减少 N_2O 的产生。

2）减少好氧段氧化亚氮释放

N_2O 的释放与系统内传质系数有关，好氧池的传质系数通常超出缺氧池 2~3 个数量级。为降低系统内 N_2O 的传质系数，可以采取以下几种措施：①减少过量曝气，使曝气更高效；②减少好氧池内的扰动；③采用无泡曝气，如膜曝气生物反应器 MABR 工艺等。

3）增大缺氧段氧化亚氮还原

增大缺氧段 N_2O 还原，首先可根据实际情况提高缺氧段碳氮比，例如不设初沉池或添加额外碳源，以保证反硝化阶段还原 N_2O 的微生物活性。其次要避免缺氧区 DO 过高，抑制反硝化作用，应防止前面好氧区过量曝气。最后应提供足够长的缺氧段水力停留时间，以使得 N_2O 被最大程度地还原。在我国《城镇污水处理厂污染物排放标准》（GB18918-2002）的阈值限制内引入部分金属离子（如 Ni^{2+}、Cu^{2+} 等）可起到减少 N_2O 产生的作用[89]。除此之外，生物富集一些特殊菌种，也可以促进 N_2O 的还原。

4）优化生物质废物高效堆肥过程

污水厂污泥、农业废物、园林废物及餐厨垃圾等生物质废物，可以在一定的好氧环境下，通过微生物代谢（发酵）使其可降解组分分解，形成腐殖质，以减少 N_2O 的直接排放，大幅降低 NH_3 导致的 N_2O 间接排放，并通过回用替代化肥，提高土壤质量，最终实现废弃物资源化。

3. 燃烧及其他工业领域氧化亚氮减排技术应用场景现状

在工业领域，N_2O 的来源包括硝酸、己二酸、化肥的生产过程以及煤的燃烧过程等，其中硝酸和己二酸的生产过程为主要来源。此领域 N_2O 排放较为集中，便于我们有针对性地设计排放削减方案。通常情况下，减少 N_2O 排放、提高废气 N_2O 催化效率及回收利用 N_2O 等全过程控制中均有涉及削减 N_2O 排放的工艺。

1）优化硝酸、己二酸生产工艺

研究人员在进行工业 N_2O 排放量估算时，通常将硝酸和己二酸生产这两个最主要的排放源结合在一起进行统计。二者的生产工艺也较为相似，都是在反应过程中生成比重较多的 N_2O 副产物。若能优化其生产工艺，抑制反应炉中 N_2O 的生成，则可有效削减 N_2O 排放。虽然此工业生产过程中的 N_2O 排放已经得到各国政府的重视，但该行业的污染治理和环境管理却并未跟上其发展速度，后续还需着重发力。预计到 2050 年，硝酸生产工业排放的 N_2O 量将达到 30 万 t/a，若按照硝酸生产工艺最高技术减排量预计可达 90% 的潜力来算，届时硝酸生产工业排放的 N_2O 量至少可减少 27 万 t/a；同时，2050 年己二酸生成过程的 N_2O 排放量将达到 18 万 t/a，最大减排技术潜能可达 95%，相当于每年减少 17 万 t 的 N_2O 排放[79]。

2）开发力促氧化亚氮减排的新催化剂

针对燃烧及工业生产过程排放废气中的 N_2O 处理问题，学者们已经提出了不同的解决办法，从早期的高温热分解到催化分解，再到低温选择性催化，不断的技术革新均是围绕催化剂展开的。因此，开发力促 N_2O 减排的催化剂是燃烧及工业领域削减 N_2O 排放的重点发展方向。在此方面，国外已有较多成熟的技术方案，例如荷兰皇家壳牌石油公司的去除氮氧化物系统（$DeNO_x$）是使用催化技术使 N_2O 分解成 N_2 和 H_2O，这项技术特别适用于尾气中 N_2O 浓度高且减排效率要求高的硝酸、己内酰胺、己二酸工厂生产及锅炉燃烧废气处理[90]。在高活性催化剂开发领域，美国杜邦公司以 CoO 和 NiO 等为主要活性组分，ZrO_2 为催化剂载体，开发出负载型催化剂 N_2O 转化技术，将 N_2O 的气体混合物在反应器入口约 400℃的温度条件下转化为 N_2，分解率可达 98% 以上。此外，法国格兰德 – 派洛斯公司的含铁沸石催化剂和日本工业科学与技术局报道的铑氧化铝催化剂均在工业 N_2O 减排领域取得良好效益[91, 92]。目前，我国针对 N_2O 催化分解剂的研究主要集中于贵金属催化剂、分子筛催化剂以及复合金属氧化物催化剂三个方面，虽取得一定成果，但仍未有具备自主知识产权的成熟的 N_2O 催化分解技术。

3）工业生产过程中氧化亚氮的回收利用

N_2O 排放量巨大，如果我们仅通过分解或者选择性催化还原的方法来减排，并不是一种经济可持续的方法。针对高排放量的工业生产，例如己二酸的排放尾气中 N_2O 的体积分数在 30% 左右，有学者根据 N_2O 回收利用做了很多工作，特别是研究将 N_2O 作为一种氧化剂与苯反应生成苯酚，使 N_2O 产生利用价值。不仅如此，N_2O 氧化苯得到的苯酚又可以加氢制得环己醇，而环己醇正是生产己二酸的原料[93]。但此类 N_2O 回收技术多处于实验室研发阶段，距工业化应用还有一定距离。

5.1.2 技术需求

1. 农业领域氧化亚氮减排技术需求

在农业领域关键单一技术中，农田 N_2O 水肥耦合减排技术和生物质废弃物高效堆肥技术的发展趋势不足以满足减排需求，但预计技术成熟后能够得到较快推广。固氮转基因技术目前的发展趋势、市场预期与减排需求一致，但目前来看难以快速推广。农业投入品精准调控与优化技术目前的发展趋势、市场预期与减排需求一致，当前智慧/精准农业已成为当今世界现代农业发展的大趋势。在全球主要农业大国大力推进的情况下，其市场规模不断扩大。我国农业领域对该技术的需求日趋强烈，这对于温室气体减排具有显著的正面效果，同时具有良好的环境与经济效益，因此在未来 10 年该技术将迅猛发展。但由于部分核心技术尚未完全自主化、低成本化，当前仍需大力推进研发，争取尽快实现该技术从工业示范阶段进入商业应用阶段。

基于对单一技术发展路径分析，在种植业管理方面，合理施肥是关键，应当抑制化肥硝化作用和控制施肥时间，采用更合理有效的灌溉模式来实现增产与减排双赢；采用生物炭等新材料改善土壤环境也是控制 N_2O 排放的一条有效途径。在畜禽粪便管理方面，适当调整养殖结构是一种有效的低碳措施，但考虑到国家养殖业的实际需求和国际形势，建议主要考虑调整改善存储环境和改进粪便处理方式，采用厌氧条件等方式降低 N_2O 排放量，探索种养结合的新农业模式，从而科学控制 N_2O 的排放。

农田 N_2O 水肥耦合减排技术与生物质废弃物高效堆肥技术预计将于 2025—2035 年实现大规模推广应用。得益于这两种技术的低减排成本、低技术难度与高效率，届时这两种技术有望成为 N_2O 减排的主流之选[94]。

固氮转基因技术是农业基础科研的长期难点和热点问题，建议持续加大对生物固氮系统的智能设计与合成技术的支持力度，重点部署固氮模块的人工智能设计与优化技术以及固氮菌高密度发酵和新型种子包衣技术。

农业投入品精准调控与优化技术将优先在农业领域展开应用，该技术将交叉融合芯片、装备制造、物联网、大数据处理等不同技术，随着技术稳定性与安全性的逐步提升，最终推进整个农业的现代化。从环境及综合效益来看，该技术可以有效降低化肥、农药、能源等投入，实现环境友好、绿色低碳、稳产提质等多方面效益。

2. 废水处理领域氧化亚氮减排技术需求

《中国污水处理行业碳减排路径及潜力研究》指出，废水处理过程会产生并逸散大量 CH_4 和 N_2O。初步计算，2015 年全国污水处理逸散 CH_4 和 N_2O 产生的直接碳排放量为 2 512.2 万 t CO_2-eq，这也直接表明了我国废水处理领域 N_2O 减排技术需求巨大。相关研究表明，不同污水处理厂的 N_2O 释放因子（N_2O 排放量 /N 负荷）相差较大，N_2O 释放因子每增加 1%，污水处理厂碳足迹将增加约 30%。大规模城镇污水处理厂的污水脱氮过程中可能有 0 ~ 14.6% 的氮转化为 N_2O 释放，而随着各国环保部门对污水氮排量控制的日益严格，越来越多的污水厂已经实现脱氮工序，这将导致 N_2O 排放量进一步呈增大趋势[95]。与此同时，也有研究指出，脱氮效果好的污水厂 N_2O 释放因子小于脱氮效果差的污水厂。因此，精准控制污水处理的脱氮过程，提高脱氮效率，是控制废水处理领域 N_2O 减排的重要目标。

3. 燃烧及其他工业领域氧化亚氮减排技术需求

国外炉内催化减排技术等主流单一技术已应用达二十多年，而国内到目前还未真正实现工业化应用，这一差距主要归结于国产催化剂催化活性低、容易破损、寿命短以及没有市场需求等。因此，我们应加快对国产化 N_2O 减排催化技术的研发，努力追赶差距，实现减排技术国产化；同时积极推动 N_2O 减排试点示范，加快示范企业建设。此外，N_2O 的炉外减排技术从长远来看在 N_2O 减排方面拥有较大空间和巨大潜力，势必将成为未来的一大发展方向。

在能源燃料燃烧过程中，燃料中的挥发氮和焦炭氮，经过复杂的均相和非均相反应最终生成 N_2O。一般情况下，功率为 30 MW ~ 160 MW 的大型循环流化床，在不同燃烧温度和燃料含氮量的工况下，其 N_2O 的排放浓度为

$59 \sim 255$ mg/m^3（3% O$_2$），由此看出 N$_2$O 的排放量变化幅度很大。鉴于 N$_2$O 造成的危害，控制燃烧排放的 N$_2$O 势在必行。

在化工领域，硝酸和己二酸是基础化工产业，其 N$_2$O 排放量大，N$_2$O 减排技术安全稳定、无风险，具备良好的技术安全性。硝酸和己二酸每年排放的 N$_2$O 折合 CO$_2$ 排放量约 1.6 亿 t，若 N$_2$O 减排技术能在行业中得到大范围应用，减排效率按照 80% 估算，每年可减少 CO$_2$ 排放量 1.2 亿 t 以上。N$_2$O 减排技术通过催化剂将 N$_2$O 转化为 CO$_2$ 和 H$_2$O，对大气无污染[96]。

5.2 农业领域氧化亚氮减排技术

5.2.1 生物质废弃物高效堆肥技术

1. 技术介绍

1）技术定义

生物质废弃物高效堆肥技术是指在受控的有氧环境中，通过微生物代谢 / 发酵使厨余垃圾、园林废物、农业废物等生物质废物可降解组分分解，形成腐殖质，以减少 CH$_4$ 和 N$_2$O 的直接排放，大幅降低 NH$_3$ 导致的 N$_2$O 间接排放，并替代化肥使用，提高土壤有机质含量。

2）技术原理

生物质废弃物高效堆肥是在一定条件下通过微生物的作用，将有机生物质降解并产出一种适用于土地利用的肥料，一般按堆制过程的需氧量程度可分为好氧堆肥和厌氧堆肥。好氧堆肥是在有氧的条件下，借助好氧微生物的作用来进行的。在堆肥过程中，有机废物中的可溶性有机物质透过微生物的细胞壁和细胞膜被微生物所吸收；固体和胶体的有机物先附着在微生物体外，然后在微生物所分泌的胞外酶的作用下分解为可溶性物质，再渗入细胞内部。微生物通过自身的生命活动——氧化还原和生物合成过程，把一部分被吸收的有机物氧化成简单的无机物，并放出微生物生长、活动所需要的能量，把另一部分有机物转化合成新的细胞物质，使微生物生长繁殖，产生更多的生物体，而未能降解的残留有机物部分转化为腐殖质。最终有机废物被矿质化和腐殖化，同时利用堆积时所产生的高温（60 ~ 70℃）来杀死原材料中所带来的病菌、虫卵和杂草种子，达到无害化的目的。而在生物质堆肥过程中，腐熟有机质作为肥料回用，废气（H_2S、N_2O 等）集中收集处理，可有效避免生物质废弃物在自然腐坏条件下导致的 N_2O 的排放[97]。此技术减少 N_2O 排放示意图如图 5-2 所示。

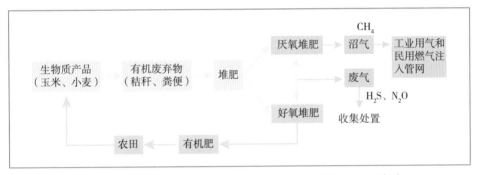

图 5-2　生物质废弃物高效堆肥技术减少 N_2O 排放示意图[96]

2. 技术成熟度和经济可行性

1）技术成熟度

生物质废弃物高效堆肥技术在我国已有广泛的研究和应用实践，其中畜禽粪便管理温室气体减排技术于 2021 年被农业农村部列入农业农村减排固碳十大技术模式，目前该技术在国际上已处于工业应用阶段，但在我国仍处于工业示范阶段，预计将于 2025—2030 年得到大规模推广应用，其平均减碳成本约为 28 元 / CO_2-eq[98]。

2）经济可行性

该技术既能保障国家粮食安全和重要农产品的有效供给，又能推进农业绿色低碳发展，减排固碳效果显著，农业生产质量效益可以得到提高。该技术具备良好的推广应用条件，对各地开展农业农村减排固碳工作有重要的参考指导作用。

3）安全和环境影响

该技术通过在堆体内形成微正压减少反硝化产 N_2O，一方面减少了温室气体的形成；另一方面，表层纳米膜的覆盖阻止了 N_2O 以及 NH_3 和硫化氢（H_2S）等臭气的环境排放，相较常规堆肥发酵，进一步提高了该技术的温室气体减排效果以及臭气减排效果。研究发现，该技术相较常规堆肥技术，CH_4 减排可达 40%，N_2O 减排可达 55%。同时，技术应用使发酵过程中的 NH_3 排放减少了 70%，有机肥产物最终 N 含量提高了 8%，大幅提升了生态环境效益[99]。

3. 技术发展预测和应用潜力

目前，利用高效降解微生物形成的高效、环保、节能的模块化，标准化生物质废弃物高效堆肥技术，实现了农业生物质废弃物的节能、环保、高效资源化利用，与传统工艺比较，其发酵时间缩短了 5~8 天，能源消耗减少了 30%，发展潜力巨大。

该技术及配套设备已经在全国 20 个省（市、自治区）约 200 家规模养殖场、粪污集中处理中心、有机肥厂进行推广应用。根据相关预测，2035 年，该技术实现推广应用后，减排潜力为 0.04 亿 t CO_2-eq，每吨废弃物的技术成本差异为 5 元；预计到 2060 年，该技术减排潜力为 0.05 亿 t CO_2-eq[98]。

5.2.2 固氮生物多样性利用技术

1. 技术介绍

1）技术定义

生物固氮作用，是自然界中某些原核微生物利用自身的固氮酶将空气中的 N_2 转化为铵的过程。固氮生物多样性利用技术正是利用多种微生物吸收、固定氮素的作用来提高农作物产量、降低化肥使用量、降低能源消耗，从而减少 N_2O 的排放。

2）技术原理

固氮微生物是指能将大气中游离的氮素转变成含氮化合物的微生物。豆科植物——根瘤菌是经典的生物固氮模式，但在非豆科植物中，生物固氮还没有取得突破性进展[100]。通过适当的方式将生物固氮机制引入非豆科植物尤其是农作物中，进而建立起非豆科植物的固氮新体系，是现代农业科学研究中迫切需要又富有挑战性的研究课题。生物固氮可以缓解和减轻农业生产中长期并大量依赖工业氮肥所造成的 N_2O 问题，为农业领域 N_2O 减排提供新的途径[100]。按固氮微生物的特性和它们与其他生物的关系，一般将其分为共生固氮、自生固氮和联合固氮三种类型[100]。能够进行生物固氮的微生物及其对应的固氮体系归纳见表 5-1。

表 5-1　常见的固氮微生物及其分类

	生物固氮体系		固氮微生物类型
自生固氮微生物	光合自养型		鱼腥藻，绿硫细菌
	化能自养型		氧化亚铁钩端螺旋菌（氧化亚铁硫杆菌）
	异养型	需氧型	固氮菌
		兼性厌氧型	克雷伯氏 / 某些芽孢杆菌
		厌氧型	梭菌，产甲烷菌
共生固氮微生物	根瘤菌—豆科植物 / 根瘤菌—糙叶山黄麻 / 弗兰克氏放线菌—非豆科植物 / 固氮蓝藻		
联合固氮微生物	固氮螺菌 / 雀稗固氮菌 / 某些假单胞菌		

固氮菌转基因技术则是指对细菌等微生物进行人工改造，为其植入固氮基因、氮代谢基因以及固氮调控基因等，使其拥有或强化生物固氮能力，从而将空气中的含氮气体高效地转化为铵并提供给农作物，减少氮肥使用。为减少细菌在脱氮过程中 N_2O 的产生，固氮菌转基因技术可以获得释放极少量 N_2O，甚至不释放 N_2O 的脱氮细菌，从而为 N_2O 减排贡献力量。

固氮菌转基因技术是生物固氮技术的延伸，由于天然固氮体系不稳定、效果差，其通过基因工程手段改造天然固氮体系，使一些微生物具备固氮能力或对现有固氮体系进行强化。国内外生物固氮基因工程和合成生物学研发进展如表 5-2 所示。2020 年，《自然·通讯》杂志发文，把人造肉汉堡、基因编辑高油酸大豆和高效固氮工程菌肥列为正在改变世界并已面向市场的高科技产品[101]。因此，利用生物固氮技术与固氮菌转基因技术相结合实现化学氮肥的部分或完全被替代，不仅能节肥节能，同时还能增产增效，减少 N_2O 排放，是最节能、环保、生态友好的氮素供应方式，将为我国农业绿色高质量发展和 N_2O 削减目标的实现发挥重要支撑作用。

表 5-2　国内外生物固氮基因工程和合成生物学研发进展[102]

底盘生物及相关基因	人工改造及相关特性
肺炎克雷伯氏菌的 nif 基因簇	转入大肠杆菌，第一个人工固氮菌
肺炎克雷伯氏菌固氮基因和氮代谢基因	固氮酶基因组成型表达，谷氨酸合成酶基因敲除，泌铵 20 μmol
棕色固氮菌固氮负调控基因 nifL	nifL 突变菌株，泌铵 10 000 μmol
苜蓿根瘤菌 dctABC 和 nifA 基因	重组苜蓿根瘤菌批准有限商品化生产，首例基因工程固氮菌产品
棕色固氮菌固氮酶钼铁蛋白编码基因 nifDK	固氮酶钼铁蛋白在大肠杆菌与酵母菌中装配
产酸克雷伯菌 nif 基因簇	nif 基因的模块化和最优化
棕色固氮菌 nifLA 操纵子	nifLA 突变株，泌铵 9 mM
棕色固氮菌 nif 基因	固氮酶在酵母菌线粒体中表达
叶绿体、白体和线粒体的电子传递链模块组分	构建杂合或纯合的电子传递链模块，支持 MoFe 及 FeFe 固氮酶活性
肺炎克雷伯氏菌 18 个固氮基因组成的 6 个操纵子	人工合成 5 个编码固氮 Polyprotein 的巨型基因，支持大肠杆菌固氮
棕色固氮菌 nif 基因	在烟草叶绿体中表达并最优化

2. 技术成熟度和经济可行性

1）技术成熟度

目前，已应用于农业生产的固氮微生物只有共生结瘤和根际联合固氮菌两种。共生结瘤微生物固氮效率高，通常为 75～300 千克纯氮 / 公顷 / 年，可为豆科植物生长提供 100% 的氮素来源[103]。根际联合固氮菌广泛分布于非豆科粮食作物根际，能紧密结合作物根表或侵入内根际生长和固氮，在非豆科作物节肥增产方面具有巨大的应用潜力[103]。但根际联合固氮微生物由于不能形成根瘤等共生结构，受根际胁迫因子如盐碱、干旱等的影响，其固氮效率低下，通常为 1～50 千克纯氮 / 公顷 / 年。因此，提高根际联合固氮效率，扩大根瘤菌寄主范围，实现植物自主固氮是当前生物固氮研究的前沿。有关生物固氮的研究可以主要围绕固氮酶的固氮分子机理、共生固氮菌与豆科植物的分子互作、非豆科植物结瘤固氮工程、非豆科植物的联合固氮等方面进行。生物固氮研究的关键是获得最佳生物固氮体系［包括共生固氮、联合（内生）固氮］和建立非豆科植物的自主固氮体系，提高生物固氮效率、克服宿主特异性、扩大共生植物结瘤固氮范围、建立自主固氮体系是生物固氮突破的方向。我国应加大生物固氮的基础研究，同时培养大量高水平的研究人才，争取在理论和应用上都能有较大的突破[103]。

目前固氮转基因技术处于研发阶段，且受固氮体系的天然缺陷制约，该技术在农业中广泛应用的关键是解决氧失活及固氮酶铵抑制、固氮体系的天然缺陷、应用效果不稳定、不能满足农业现代化发展需求等问题，以加快推进其在农业领域的应用。

2）经济可行性

在田间试验条件下，氮肥用量减少 25% 以上，相当于每年全国减施氮肥 555.2 万 t，按照每吨氮肥（纯氮）4 500 元计算，可节省 24.98 亿元。构建人工高效固氮体系，不仅能减少化肥使用，而且能大大提高氮肥的利用率，减少化肥流失。构建的微生物菌剂可开发为微生物肥料，部分代替化肥，形成新的经济增产点。截至 2018 年年底，我国微生物肥料企业有 2 050 家，产能近 3 000 万 t，形成了产值 400 亿的产业规模。构建的新型多功能菌肥，其肥效可比目前市场上的微生物肥料增加 10%～20%。按照每吨菌肥生产成本 2 000～6 000 元计算，市场售价可为 5 000～15 000 元，一个年产 1 000 t 的微生物菌肥厂，年利润可达300万元以上（每吨平均利润以3 000元计算），能解决社会就业人口30~40人[104]。我国每年大豆的种植面积约为800万hm²，但根瘤菌接种面积不足3%，国外的接种面积大约占到30%~65%，国外甚至立法强制接种。我国的大豆产量过分依赖化肥，在能源短缺和环境污染的双重压力下，进行根瘤菌菌剂接种刻不容缓。大力发展根际固氮微生物菌肥符合国家农业可持续发展政策和当前国民绿色消费观念，具有重要经济价值、社会价值和生态效益。

3）安全和环境影响

固氮生物多样性利用技术较传统工业合成氮肥施用而言，具有显著的环境效益、经济效益，例如生物固氮是全球最普遍的固氮形式，固氮体量巨大，约占地球上每年固氮总量的70%；其次，生物固氮不易导致有害物质进入环境，不存在二次污染，且施用成本低廉，反应条件温和，肥效持续时间长，是绿色农业发展的主要肥源之一，也是削减N_2O排放的有效途径。

在世界性全球变暖和温室气体持续大量排放的压力下，固氮生物多样性利用技术作为减少化学氮肥使用、减少N_2O排放、推动农业绿色发展的一条重要途径，符合环境友好型农业生产和非二氧化碳温室气体减排的产业发展趋势，势必对农业可持续发展和生态环境产生深远影响。

3. 技术发展预测和应用潜力

中国是世界上最大的氮肥生产国和使用国，在占世界7%的耕地上消耗了全世界30%以上的氮肥。我国氮肥使用过度的一个重要原因是农作物氮肥利用效率普遍不高。据统计，目前我国氮肥利用率只有35%左右，而发达国家高达60%[105]。2015年我国制定了《到2020年化肥使用量零增长行动方案》，方案明确提出到2025年，在保证主要农作物稳产的基础上，化学肥料减施20%。因此，中国农业在未来发展中面临着既要保持高产，又要减少农田面源污染的双重压力，迫切需要生物固氮技术方案来降低农业生产对氮肥的依赖。

近年来，全球生物固氮产业市场规模保持稳定增长的态势。2017年全球微生物肥料市场规模为 2 341.86 亿元，比上年同期增长 11.80%。微生物肥料中，固氮菌占 75%，溶磷菌占 15%。近年来，国际固氮微生物产业出现新一轮的技术升级与产业革命。我国非常重视生物固氮的理论基础与生产应用研究，生物固氮研究队伍在不断完善、科研水平在不断提高，取得了一系列达到国际先进水平的科研成果。目前，固氮微生物肥料产业发展迅猛，产业规模大但关键核心技术水平低，市场竞争力差，难以满足当前我国现代农业高质量绿色发展的迫切需求。国内外有关生物固氮科技创新的 3 ~ 5 年近期目标（至 2025 年）是克服天然固氮体系缺陷，创制新一代根际固氮微生物产品，在田间示范条件下替代化学氮肥 25%；10 年中期目标（至 2030 年）是扩大根瘤菌宿主范围，构建非豆科作物结瘤固氮的新体系，减少化学氮肥用量 50%；15 年远期目标（至 2035 年）是探索作物自主固氮的新途径，在特定条件下完全替代化学氮肥。

5.2.3　水肥高效作物选育与管理技术

1. 技术介绍

1）技术定义

水肥高效作物选育与管理技术通过对水肥实施组分和级配比例调控管理，优选培育高效生长的农作物，以减少后续农药、肥料的施用，间接减少 N_2O 的排放。

2）技术原理

水、肥是农业生产的两大主要因素，也是可以调控的两大重要技术措施。作物水肥利用率低是我国农业生产发展中面临的重大问题。适宜的水分条件和合理的养分供应是作物高产优质的基本保证，水分胁迫、养分缺乏以及二者供应的不同步均不利于作物生长[106]。作物自身具有一系列对水分亏缺的适应机制和有限缺水效应，适度的水分亏缺并不一定会降低产量，反而能使作物水分利用效率明显提高。这种有限缺水效应将引起同化物从营养器官向生殖器官分配的增加，即作物在遭遇水分胁迫时具有自我保护作用。而在水分胁迫解除后，作物对以前在水分胁迫条件下生长发育所造成的损失具有"补偿作用"。研究表明，作物体内有一种内源激素 ABA（脱落酸），它可以作为一种土壤干旱的传递信号，通过作物根部向茎叶的传递来调节气孔的开闭。土壤越干旱，ABA 在作物体内积聚的浓度越大，气孔开度就越小，以此来减少土壤含水量不足而过度蒸腾对作物的进一步伤害[107]。节水灌溉是指在灌溉水量有限的条件下，为作物在全生育期内或者不同作物之间合理分配灌水量，使缺水对作物造成的不利影响降到最小。水肥高效作物选育是在最大限度节约作物生长期灌水量的前提下，寻求作物全生长期的最佳灌水次数、灌水时间、灌水定额，使农作物产量以及水分利用效率最大[108]。此外，在给作物提供水分的同时，应导入定量肥料，最大限度地发挥肥料的作用，实现水肥的同步供应，使肥料得到充分利用。此过程需配合自动化管理系统进行，方能达到理想效果，实现良性运转。

2. 技术成熟度和经济可行性

1）技术成熟度

目前，农业部门对水肥高效作物选育与管理技术的研究十分重视，而且该技术也已经从原来的局部试验变成大面积推广使用，辐射多个地区，覆盖设施栽培、无土栽培、蔬菜、花木等。一些设施蔬菜园区在管理过程中依旧采用"大水大肥"的水肥管理模式，该模式生产成本较高，水肥投资较大，而且长期采用这种模式会对环境造成较大污染和危害，导致土壤板结严重、蔬菜连作障碍严重、病虫害加剧、蔬菜品质下降等。而以水肥高效作物选育与管理技术为基础的蔬菜设施栽培可以实现以水调肥、以肥促水，做到定时、定量、均匀地供水供肥，大大提高了水资源和肥料的利用效率。而且水肥高效作物选育与管理技术的可控性较强，对于设施蔬菜栽培具有十分重要的意义。我国水肥高效作物选育与管理技术现在已经相当成熟，完全可以满足现在农业种植过程中的施肥和灌溉需求，精度也非常高。

经过多年的示范推广，水肥高效作物选育与管理技术已经从以前的"高端农业""形象工程"开始普及，具备了大力发展的有利条件：一是从中央到地方各级政府都十分重视该技术；二是农业部专门印发示范补贴指导意见，支持政策有力；三是从经济作物到大田作物，技术模式成熟；四是政府、科研、推广、企业、农民对其形成共识，发展环境有利；五是投入大幅下降，每亩大田投资 600 ~ 800 元，经济作物投资 1 000 ~ 1 500 元。

2）经济可行性

经济作物水肥高效作物选育与管理技术在项目区内取得了一定的效果。具体实施案例如表 5-3 所示。项目区因对作物按需用水施肥，平均可节水 4 500 kg/hm^2、节肥 4 800 kg/hm^2，降低了项目区因过度灌溉和过度施肥产生的生产成本，且作物产量也得到了提升，统计结果表明，平均可节本增收 11 575 元 /hm^2。经济作物水肥高效作物选育与管理技术的推广应用，不仅取得了较好的经济效益，也实现了一定的社会效益。水肥高效作物选育与管理技术不仅能节水节肥，而且能提高作物产量和品质[109]，获得了种植户的一致认可，使新的施肥技术和生产理念得以进一步传播[109]。

表 5-3　水肥高效作物选育与管理技术实施案例

水肥作物选育	实施面积 （hm^2）	节水量 （kg/hm^2）	节肥量 （kg/hm^2）	节本增收 （元 /hm^2）
项目 1– 葡萄园	22.67	4 800	5 250	12 300
项目 2– 蓝莓园	25.95	3 900	4 650	11 400
项目 3– 茶场	11.03	4 200	4 500	10 350
项目 4– 猕猴桃园	2.53	5 100	4 950	11 250
项目 5– 西瓜园	1.56	4 350	5 100	12 150
项目 6– 茶园	4.34	4 650	4 350	12 000

3）安全和环境影响

水肥高效作物选育与管理技术的优点是灌溉施肥的肥效快，养分利用率高，可避免常规作物在肥料施用、吸收过程中存在的过量肥料损失、肥效发挥慢等问题，既节约氮肥又能保障作物生长，还有利于环境保护，减少 N$_2$O 排放。水肥高效作物选育与管理技术使肥料的利用率大幅度提高，据统计，灌溉施肥体系比常规施肥节省肥料 50%～70%。

3. 技术发展预测和应用潜力

20 世纪 60 年代，发达国家便已大范围推广应用水肥高效作物选育与管理技术，我国的水肥高效作物选育技术也有近 50 年的发展历史，但早期机械设备以引进为主，投入成本较高，且外来生产方式难以适应国内作物种类和栽培模式以及区域、季节多样化的生产特点，所以未能实现大范围推广应用。为推进国内水肥高效作物选育技术发展，国家近年来相继出台了一系列政策，例如《全国农业可持续发展规划（2015—2030 年）》提出了"一控两减三基本"的目标。据农业部门统计，我国目前有 5 亿多亩耕地适合发展水肥高效作物选育，同时我国水溶肥、液体肥总用量不到 500 万 t，发展潜力巨大。

5.2.4　农业投入品精准调控与优化技术

1. 技术介绍

1）技术定义

农业投入品精准调控与优化技术是现有农业生产措施与高新技术的有机结合，高新技术有地理信息系统技术、全球卫星定位系统技术、遥感技术和计算机自动控制系统技术等。其通过对农田生产区域作物产量和影响作物生产的环境因素（如土壤质量、气候、病虫草害等）进行信息获取和分析，在已知影响区域产量差异原因的基础上，采取技术上可行、经济上有效的调控措施，改变传统农业大面积、大样本平均投入的资源浪费做法，对作物栽培管理实施定位，按需变量投入。它包括精准播种、精准施肥、精准灌溉、精准收获这几个环节。

2）技术原理

农业投入品精准调控与优化技术的核心是通过"3S"技术、物联网技术、多源遥感设备、智能监控录像设备和智能报警系统监测农产品生产环境和生长状况，利用科学智能的农业生产要素遥控设备实时遥控管理农产品生产状况，实施水肥药食自动投放管理，在保证农作物得到充足水分和养分的同时，尽量避免投入品的不合理使用，在提高农产品的品质、产量并降低生产成本的同时，减少 N_2O 排放[110]。

农业投入品精准调控与优化技术通过综合运用遥感（RS）技术、地理信息系统（GIS）技术、全球定位系统（GPS）技术，并通过多学科高度集成对空间信息进行采集、处理、管理、分析、表达、传播和应用，实现对农作物及农田进行精准空间定位、生长信息反馈、长势动态跟踪等全方位信息收集；结合物联网技术与数字化平台，将智能监控录像设备、多源遥感设备、智能报警系统采集到的数据，进行系统化集成管理，实现作物生长、环境变化、田间管理的全过程可视化表达、数字化展现、综合处理；依托专家决策支撑平台，将多源数据进行整合、分析、评估，对农田尺度作物进行定量、定时、定位的精细化管理，实现精准灌溉、精细施肥、优化控制，从源头上减少作物化肥使用量，从而减少 N_2O 排放。具体原理如图 5-3 所示。

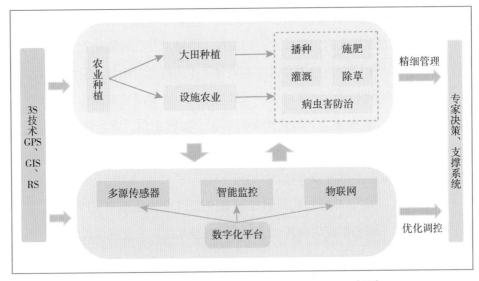

图 5-3 农业投入品精准调控与优化技术原理图[110]

农业投入品精准调控与优化技术的典范就是目前国家正在大力推广的农田水肥耦合技术，该技术通过调整肥料结构、精确施肥、减少不合理的化肥施用量提高农作物化肥利用效率，并结合自动化水肥施用方式，促进化肥减量增效。精准调控的水肥施用措施，减少了残留于农田的余量肥料，间接减少了因氮肥消耗不完全而产生的 N_2O 排放。该技术的工艺示意图如图 5-4 所示。

图 5-4　水肥耦合技术示意图

2. 技术成熟度和经济可行性

1）技术成熟度

信息技术和人工智能技术的引用促使一种新型农业生产管理技术发展，从而产生了对农作物实施定位管理、按需投入的精准化、智能化农业生产与管理思想，进而产生了农业投入品精准调控与优化的概念。该技术根据土壤肥力和作物生长状况的差异，调节对农田区域的投入，在实时数据跟踪和差异化分析的基础上，以平衡地力、提高产量为目标，实施定位、定量的精准田间管理，实现农业生产力质与量的飞跃，同时为保障农业实现优质、高产、低耗和环保的可持续发展提供有效途径。

农业投入品精准调控与优化技术被认为是新世纪农业科技发展的前沿，是高技术含量、综合集成的现代农业生产管理技术之一。它的应用实践和快速发展将充分开发农田最大的生产潜力，合理利用水肥资源，减少环境污染，大幅度提高农产品产量和品质。此外，农田水肥耦合减排技术已被农业农村部列入农业农村减排固碳十大技术模式之一，目前整体处于基础研究阶段和推广试用阶段，国内应用该技术的企业如表 5-4 所示。

表 5-4　农田水肥耦合减排技术应用企业名单（2021 年）

序号	企业名称	成立时间	地区	序号	企业名称	成立时间	地区
1	大禹节水	2010	甘肃	15	圣大节水	2016	山东
2	捷佳润	2008	广西	16	科沃节水	2018	山东
3	润农节水	2009	广东	17	百亩田	2019	山东
4	绿智鑫农业	2018	河北	18	中盛节水	2017	山东
5	源润农业	2015	河北	19	博云现代农业科技	2015	山东
6	网春智云农业	2017	河北	20	丰淼节水	2019	山东
7	圣艮启科技	2016	河北	21	鸿泰伟业节水	2016	山东
8	沃霖科技	2020	河南	22	鸿泽瑞达节水	2019	山东
9	卓耳节水	2014	湖北	23	精迅畅通	2015	山东
10	新惠普科技	2005	湖北	24	晨润节水	2020	山东
11	华贯灌溉	2018	湖南	25	陕西水肥一体化农业科技	2015	陕西
12	华维节水	2010	江苏	26	鑫芯物联	2010	四川
13	无锡恺易物联网	2010	江苏	27	禾匠农业科技	2016	重庆
14	华源节水	2007	江苏				

不过，我国整体技术水平与发达国家存在 15~20 年的差距，目前还处于萌芽阶段，且受以下技术短板制约：一是农业监测设施落后。目前国内自主研发的农业传感器数量不到世界的 10%，且稳定性差；二是动植物模型与智能决策准确度低，很多情况是时序控制而不是按需决策控制；三是缺乏智能化精准作业设施，作业质量差。在应用推广方面，全国各省市都开展了相关技术应用的试点建设，并根据农业生产需要、减排需求、技术发展现状等，对技术现状进行评估，该技术应用推广时间约在 2030—2035 年。

2）经济可行性

从投入成本来看，农业投入品精准调控与优化技术初始投资成本大约 1 万元 / 亩，每年的运维成本 0.1 万元 / 亩，其中维修成本 0.04 万元 / 亩，管理成本 0.02 万元 / 亩，劳动力成本 0.02 万元 / 亩，政府补贴等 0.02 万元 / 亩；年度原料成本 0.05 万元 / 亩，年度能源成本 0.1 万元 / 亩，折旧成本 0.1 万元 / 亩。随着技术成熟度提升以及应用规模不断扩大，农业投入品精准调控与优化技术初始投资成本将会逐步降低，预计到 2035 年，成本降低达到 20%；到 2060 年，成本降低达到 50%。

3）安全和环境影响

在以往农业种植中，为了保障农产品的质量，人们往往会使用化肥、杀虫剂等，这些其实恰恰会影响农产品的质量。此外，大量农业 N_2O 排放导致的全球变暖以及恶劣的气象也会对农业产生严重的影响。农业要想有更好的发展，就需要寻找新的发展路子，农业投入品精准调控与优化技术就是很好的农业发展之路。它不仅可以科学掌控、定位、追踪和管理农产品，将现有的农业资源合理优化使用，还可以最大程度地避免农业生产中的浪费，以最低成本获取最高的经济效益和环境效益。

以农田水肥耦合技术为例，其核心是将影响作物生长的两项必要因素，即"水"和"肥"，有机地耦合起来，利用其间存在的协同效应，进行水肥与作物协同管理，以提高水肥利用率，促进作物生产力。这种水肥耦合方式根据作物生长需要，按量投入水肥，减轻了因过量施用引起的土质破坏，减少了资源浪费，具有节水、节肥、省工、省药、高效、增产和环保等特点，技术安全风险低，对环境影响小。

3. 技术发展预测和应用潜力

根据技术评估结果，农业投入品精准调控与优化技术目前的发展趋势、市场预期与减排需求一致，当前智慧 / 精准农业已成为当今世界现代农业发展的大趋势，全球主要农业大国都在大力推进它的发展，其市场规模不断扩大。我国农业领域对该技术的需求日趋强烈，该技术对于温室气体减排具有显著的正面效果，同时具有良好的环境与经济效益，在未来 10 年将会迅猛发展。

据农业部估算，目前农田 N_2O 排放为 0.43 亿 t CO_2-eq，减排成本为 120 元/亩（旱作物种子），精准控制水、肥等投入品，可降低减排技术成本 10 元/亩，到 2030 年，改进氮肥施用方式可以使我国减少氮肥用量（折纯）190 万 t，节约成本 78 亿元，减少 N_2O 排放 8.5 万 t。预计到 2060 年，该技术减排潜力为 0.34 亿 t CO_2-eq。

5.3　污水及废弃物处理领域氧化亚氮减排技术

5.3.1　污水处理精准控制技术

1. 技术介绍

1）技术定义

污水处理精准控制技术是通过部署自动化、智能化监测和运营设备，加强负载管理，建立需求响应机制以及工艺优化调控等诸多技术手段和管控方法，对进水及各工艺段进行数据分析，实时控制优化各阶段运行参数，实现精细化运营。从而减少电耗、药耗，提高污水处理系统的效率，间接减少污水处理过程中因反硝化作用而导致的 N_2O 排放。

2）技术原理

污水处理精准控制技术主要以视频监控设备、通信设备、各类传感器以及各类自动化设施为硬件支撑，并以视频采集与识别、射频识别（RFID）、条码识别、可视对讲、语音识别等为软件支持，通过物联网识别信息、互联网传输信息、人工智能分析信息、大数据验证信息等环节，及时对污水处理过程中的事故或问题进行分析、处理、解决，其可通过大数据精准、快速地获取并验证处理方案，并迅速通过人工智能实时调节处理工艺参数，实现污水处理的精准控制，其运行系统示意图如图 5-5 所示。

要想通过污水处理精准控制技术实现 N_2O 的减排，需要先开展 N_2O 释放

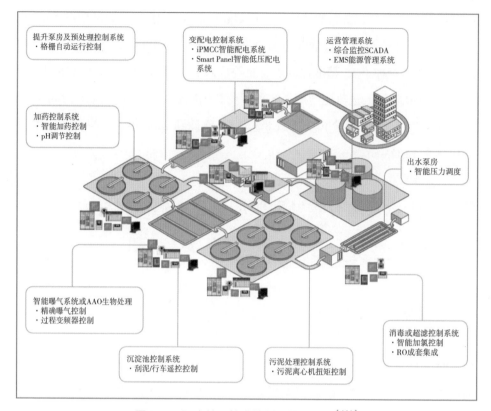

图 5-5　污水处理精准控制系统示意图[111]

规律和释放量核算的研究。2017 年生态环境保护部发布了《工业企业污染治理设施污染物去除协同控制温室气体核算技术指南（试行）》，该指南系统诠释了工业企业污染物治理与温室气体排放之间的相关关系，但该指南的废水处理部分仅涉及工业企业内部废水处理设施运行对温室气体的影响，并未建立城镇污水处理厂污染物去除与温室气体排放之间的相关关系[112]。因此，适用于城镇污水处理厂的污染物及温室气体协同减排核算方法应尽快统一并推广实行，以便为后续污水处理精准控制 N_2O 减排提供可靠依据。未来，污水处理精准控制技术可通过传感器识别到 N_2O 排放量过高、进水水质波动过大等实时信息，并给人工智能进行信息反馈，人工智能再通过检索本地数据库中的处理方案并结合大数据中相似的处理方法，得出调控的具体方式和参数，从而将数据传输给自动化设施或工程师，及时对工艺进行调节，减少 N_2O 的排放。

该技术调节的方式主要包括：控制 DO 浓度、调节进水方式、改变碳源类型和调节微生物代谢活性。

（1）控制 DO 浓度。在硝化过程中，低 DO、高氨氮浓度都会加大 N_2O 释放，因此需要确保足够的 DO 以使得水中的 NH_2OH 和 NO_2^- 被及时氧化。其关键在于实现生物耗氧量和实际供氧量的平衡，这就需要在线实时地检测调控实际供氧速率（SOTR），并与生物耗氧速率（SOUR）进行匹配对应，实现精准、科学供氧管理。当污水处理精准控制技术应用后，它能自动监测水中 DO 浓度，在发现 DO 浓度过低后自动进行调节，保证 DO 保持在一个合适的范围之中，从而避免 N_2O 的积累，减少 N_2O 的排放。

（2）调节进水方式。调节进水方式可以改变水力停留时间，以延长反硝化过程，减少 N_2O 排放。有研究表明，在好氧 – 缺氧污水处理工艺中采用分段进水的方式可以对 NO_2^- 和 NH_4^+–N 进行有效控制，从而使 N_2O 的总产生量减少 50%[113]，因此污水处理精准控制技术应用后，其可在检测到水质情况发生变化时，及时调整进水方式，实现 N_2O 的减排。

（3）改变碳源类型。由于微生物对不同类型碳源的吸收代谢效率不同，其反硝化过程中 N_2O 的排放效率存在较大差异。不同的碳源会导致氨氧化细菌菌群的差异及其反硝化能力的不同，从而影响 N_2O 的生产。有研究表明，将污泥碱性发酵液代替乙酸作为碳源投加，结果 N_2O 的产生量由 0.507 mg/mg 降到了 0.121 mg/mg[114]。因此，污水处理精准控制技术可以根据具体情况来改变碳源类型，在保证工艺处理效率达标的情况下减少 N_2O 的生成，从而实现 N_2O 的减排。

（4）调节微生物代谢活性。在污水处理过程中，微生物对氮、磷的去除具有极其重要的作用。提高硝化和反硝化菌的代谢活性，一方面可以使硝化和反硝化作用更好地进行，提高微生物的处理效率；另一方面也可以减少 N_2O 的排放。有研究表明，通过向反硝化过程中投加粒径 60 μm 的铜可以极大提高 N_2O 转化为 N_2 的效率，从而能够有效减少含硫化物表面由于异养反硝化而引起的 N_2O 积累。因此，污水处理精准控制技术可以据此来调节微生物代谢活性，实现 N_2O 的减排。

2. 技术成熟度和经济可行性

1）技术成熟度

污水处理精准控制技术在国内外都较为成熟，但用该技术精准控制 N_2O 排放还有待进一步研究，同时该技术的推广应用也有待推进。应用该技术的污水处理系统已实现自动化，但目前我国各省市城镇污水处理厂的自控系统建设情况参差不齐，地区性差异大，导致该技术主要应用在经济较为发达的大城市。北京、上海、江苏以及浙江等地的城市污水处理厂自控系统建设及使用状况整体较好，污水处理精准控制技术的应用也较为普遍。但我国中西部地区的污水处理厂的状况就差之甚远。另外，在实际应用过程中，该技术仍存在很多不完善的地方，与其他行业的成熟技术水平相比差距较大，还需进一步优化提升。

目前国内自动化水平较高的企业主要有首创、北控、桑德等。作为国内环保行业的龙头企业，它们不仅整体自动化应用水平较高，而且均已着手建设并完善物联网、人工智能和大数据的系统体系，这使得污水处理精准控制技术的实现成为可能。

2）经济可行性

当前传统污水处理技术的使用成本约为 0.4 元 /t 污水，排放非二氧化碳温室气体 0.21 亿 t CO_2-eq，预计在 2025 年污水处理精准控制技术得到应用后，可以在成本涨幅为 0.02 元 /t 污水的情况下实现 75.08 元 /t CO_2-eq 的平均减碳成本；预计到 2030 年，新技术成本将降为 0.3 元 /t 污水，平均减碳成本约为 37.54 元 /t CO_2-eq；预计在 2035 年以后，技术成本将与现在持平，平均减碳成本也将降为零。

3）安全和环境影响

污水处理精准控制技术主要通过对污水厂运行过程中的工艺参数和水质条件进行精细化调控，以限制生物脱氮过程中 N_2O 的产生和释放。研究人员通过对生物脱氮过程中 N_2O 的释放途径研究认为，导致污水处理过程中 N_2O

排放增加的主要运行参数情况包括：①好氧阶段低 DO 和缺氧阶段 DO 的存在；②硝化和反硝化过程中的高亚硝酸盐浓度；③反硝化过程的碳源不足。因此，有效的污水处理精准控制技术包括控制 DO 浓度、避免亚硝酸盐的积累与保证反硝化过程中碳源充足等。在自动化控制和管理技术普及的污水厂，要实现上述参数的精准控制较为容易，且不会对菌群结构和水厂运行造成不利影响，技术安全性较高。污水处理过程是一个整体系统，我们除需重点把控上述 N_2O 减排参数外，还需要综合考虑处理效果、能耗、药剂使用量以及其他温室气体（ CH_4 和 CO_2 ）排放等多方面因素，进而从整体上降低全过程的环境负面效应。

污水处理精准控制技术不仅在调控菌群结构、水质指标和 N_2O 排放方面有着突出贡献，在节约运行成本、提高处理效率及保障水质安全等方面，也存在可观的促进价值，能带来良好的环境效益。

3. 技术发展预测和应用潜力

污水处理精准控制技术将是传统污水处理厂减排增效的必要手段，也将是智慧污水处理厂的运行基础。智慧污水处理厂具有较高的自动化水平，能够根据进水负荷及运行工况自动执行参数调节、优化运行条件、降低物能消耗，这将为污水处理精准控制技术的建设与运行提供便利条件。得益于智慧污水处理厂先进的物联网、人工智能、机器学习和大数据技术，相关研究人员能够更快地研究出适用于该厂的 N_2O 减排水质参数调控方法，减少 N_2O 排放。可以说，污水处理精准控制技术是环保与科技的双向奔赴，环保企业应对该技术多加研究，在装备、工艺、设施等方面不断地对其进行优化。

污水处理厂的信息化、自动化、智能化技术应用潜力巨大。对于企业而言，污水处理精准控制技术可以降低人工成本、提高处理效率、减少污染排放；对于监管部门及社会公众而言，该技术的应用有助于加强监管、改善生活环境且便于信息公开。基于对减排需求、技术发展现状的评估，研究人员认为该技术的应用推广时间约在 2025—2030 年。

按生活污水总氮量每人每天 8 mg/L、城市综合生活用水定额每人每天

220 L、综合生活污水定额比例 90% 进行估算，全国城镇污水厂 N_2O 每日排放量为 3.54 t，全年 N_2O 排放总量约为 1 260 t[87]。根据技术评估结果，预计到 2025 年，该技术减排潜力为 0.02 亿 t CO_2-eq；预计到 2030 年，其减排潜力可达到 0.03 亿 t CO_2-eq。

5.3.2　废弃物堆肥过程精准控氧技术

1. 技术介绍

1）技术定义

堆肥过程是利用微生物作用将固体废物中可降解有机物转化为稳定腐殖质的过程。堆肥过程伴随 N_2O 的排放，不仅造成堆肥中氮素大量的损失，而且带来了显著的增温效应，其主要原因是传统堆肥工艺氧浓度分布不均匀。废弃物堆肥过程精准控氧技术是通过控制堆料内部通风量实现对发酵温度、氧含量控制的技术。该技术可实现对氧浓度的精准控制，有效减少不完全反硝化作用导致的 N_2O 排放，并通过集气除臭系统消除温室气体外排隐患。

2）技术原理

好氧堆肥是好氧微生物在有氧条件下降解有机质的过程，精准供氧策略是维持堆体有氧状态、保证微生物最优生物活性、控制有害气体排放的关键，其技术路线图如图 5-6 所示。精准控氧在堆肥过程中主要有三个方面的积极作用：①为微生物的有氧呼吸作用提供充足的 O_2，防止厌氧发酵，减少 CH_4、N_2O 等温室气体排放；②调节堆体温度，即通过调节供氧速率或者时间有效控制通风引起的热量损失，从而起到防止堆体温度过高的作用；③维持堆体含水率的稳定。通风可带走堆体内由于生化反应产生的多余水分以维持堆体适宜的含水率和孔隙结构。当通风供氧不足时，堆体内部会出现大量厌氧区域，因而增加 CH_4 和 N_2O 产排，影响堆肥进程；而过量通风供氧则会促进水分蒸发和热损，导致温度下降、微生物活性受限，从而影响堆肥品质。因此，精准控制通风供氧，包括选择连续供氧模式下适宜的供氧速率或者间歇供氧模式下适宜的供氧间隔等，是提高好氧堆肥效率、保证堆肥品质、减少 N_2O 排放的关键。

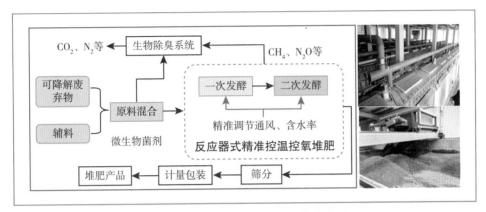

图 5-6　精准控氧高效堆肥技术路线图

废弃物堆肥过程精准控氧技术与传统机械翻堆堆肥技术相比，具有不可比拟的优势，具体体现在以下几个方面：①反应的可控性：精准控氧技术能精准控制氧气浓度和温度，按反应需要供氧，自动控制通风，堆肥质量好，臭气排放少；②反应时间：与传统机械翻堆堆肥技术相比，精准控氧技术能节省停留时间一半以上；③腐蚀与气味：传统机械翻堆堆肥技术易造成厂内大量 CO、N_2O、H_2S 和有机酸排放，不仅会污染环境，而且会腐蚀机械设备及构筑物。精准控氧技术的自控通风有效避免了此类恶臭及腐蚀性气体的排放；④能耗：传统机械翻堆一般每周至少翻动一次且通风机功率大，精准控氧堆肥在整个通风过程中一般只需翻动一次，风机功率小，总运行时间短，根据经验能耗约为传统方法的 1/20。

2. 技术成熟度和经济可行性

1）技术成熟度

目前，废弃物堆肥过程精准控氧技术逐渐成为传统堆肥的替代技术，发展迅速，国外发达国家已有多种技术成熟的一体化控氧堆肥设备。欧美等地普遍选用卧式反应器，日本多采用立式反应器，国内研发和推广此技术的科研院所和厂家也逐年增加。在堆肥工程的机械化、自动化水平提升的基础上，废弃物堆肥过程精准控氧系统能够在有限的密闭空间内，实现废气排放在线监测，并智能控制曝气系统，保证系统的好氧状态，并从源头上减少废气排放，避免二次污染，降低环保成本。因此，从整个行业看，废弃物堆肥过程精准控氧技术已趋于成熟，正处于推广阶段；从国际视角看，我国与发达国家的技术水平还有一定差距。

2）经济可行性

利用反应器式废弃物堆肥过程精准控氧技术进行生物质废弃物堆肥处理时，为提高堆肥处理效率，堆肥过程需确保物料在适宜的参数条件下进行，主要参数包括：氧气浓度、C/N 及含水率。不同堆肥发酵原料的工艺参数存在差异性，一般来说，含水率在 40%～70%、发酵堆体氧气浓度大于 10%、C/N 为（25～35）∶1 时利于堆肥发酵的进行。此外，该过程需根据不同生物质废弃物发酵特性合理调整通风量，实现生物质废弃物堆肥的精准控温。

该技术适用于对生活污泥、园林绿化废弃物等有机固体废弃物的资源化处置。经发酵至充分腐熟后的堆肥产品，可作为土壤改良剂、营养基质施用，或经后续精加工制成商业有机肥产品，从而实现有机固体废弃物的资源循环利用，有效减少 N_2O 的排放。该技术能取得良好的生态效益、环境效益和经济效益。

3）安全和环境影响

废弃物堆肥过程精准控氧技术属于自动化、智能化和现代化的好氧堆肥技术，其开发和推广将有效解决"卡脖子"的难题。该技术通过应用自变量预测控制等先进方法，可以实现对堆肥过程中温度、O_2、NH_3 等在线监测，实现堆肥底物和辅料的自动混合与有序布置，并根据堆肥原料中有机物含量、有机物中可降解成分的比例和可降解系数，精准调控通风量和曝气时间，以保证有机质在好氧微生物作用下稳定化、无害化降解，减少有害气体（如 H_2S、N_2O 等）排放，实现生物质废弃物资源化处置，技术本身安全可靠。

目前，废弃物的常规处置工艺是直接焚烧或燃烧发电，并且废弃物焚烧被公认为是处置技术中最具发展前景的技术之一。然而，相比于废弃物焚烧技术耗能高、尾气排放量大且有害成分含量高，废弃物好氧堆肥具备能源消耗低、气体产物毒性低的特点。而且废弃物堆肥过程精准控氧技术进一步强化了这方面优势，有效减少了 N_2O、H_2S 等有毒有害气排放。另外，废弃物减量化、无害化与资源化的处置，不论是对环境还是对社会经济发展都大有裨益。

3. 技术发展预测和应用潜力

目前我国城市有机废弃物资源化利用率不足 5%，与韩国（59%）、奥地利（58%）、比利时（51%）、瑞典（50%）等国家的资源化利用率差距显著。而且我国的废弃物排放量和存量正迅速上升，合理控制废弃物增排并进行可持续化绿色处置是应对之策。废弃物堆肥过程精准控氧技术因其耗能少，资源利用程度高，有一定经济效益等优点，符合 N_2O 减排与可持续发展战略，具备极大的发展及市场空间。此外，随着国家垃圾分类政策的实施，有机废弃物的资源化处理利用产业前景光明。随着国家对生态文明和绿色农业建设的推进，未来有机肥生产必将进入蓬勃发展的阶段。

5.4 燃烧及其他工业领域氧化亚氮减排技术

5.4.1 燃烧过程氧化亚氮催化分解技术

1. 技术介绍

1）技术定义

燃烧过程 N_2O 催化分解技术是一项通过在氨氧化炉内安装 N_2O 分解催化剂，从而在适当的温度下将氨氧化炉内反应生成的 N_2O 分解为 N_2 和 O_2 的技术。

2）技术原理

燃烧过程 N_2O 催化分解技术主要利用 N_2O 在 400℃以上催化分解的原理，使 N_2O 分解为 N_2 和 O_2，一般在运行初期需要热源对反应气体加热，待反应开始后，利用反应自身放热维持运转，大大降低了运行费用，而且其转化率在95% 以上。

2. 技术成熟度和经济可行性

1）技术成熟度

国际上，工业领域的 N_2O 减排技术主要来源于庄信万丰公司和巴斯夫公司，均为炉内催化分解技术。该项技术已经有二十多年的应用经验，技术较为成熟，减排效率在90% 左右，催化剂寿命在三年以上。2012 年之前，国内对该技术的研究均停留在基础研究和中试阶段，主要有西安元创化工科技股份有限公司的 N_2O 催化分解关键技术研究开发及示范项目、华烁科技股份有限公司 ETX-5 型脱 N_2O 催化剂项目等。目前，只有四川蜀泰化工科技有限公司研发的 N_2O 炉内减排催化剂在四川金象赛瑞化工有限公司的 10 万 t 硝酸装置上实现中试应用，实现了炉内 N_2O 减排催化剂国产化。该国产催化剂与国外催化剂相比，减排成本低，价格是国外催化剂的40%，减排效率仅为国外催化剂的70% 左右，而且催化剂寿命较短。综上所述，国内燃烧过程 N_2O 催化分解技术仍处于中试发展阶段，较国外有一定差距。N_2O 催化分解技术及研究现状如表5-5 所示。

表5-5　N_2O 催化分解技术及研究现状

序号	研究／应用机构	技术应用阶段
1	巴斯夫	有二十多年的应用经验，应用在 70 多套装置上，技术较为成熟，减排效率在90% 左右，催化剂寿命在三年以上。
2	庄信万丰	有二十多年的应用经验，技术较为成熟，减排效率在85%～90% 左右，催化剂寿命在两年以上。
3	四川蜀泰化工科技有限公司	已实现中试应用，催化剂寿命和减排效率有待进一步提高。
4	西安元创化工科技股份有限公司	已完成小试研究，但由于国内没有企业进行 N_2O 减排，所以还未进行过工业化试验。项目研究资金主要来源于延长石油。

序号	研究 / 应用机构	技术应用阶段
5	华烁科技股份有限公司	仅在小试上进行过试验，但是由于催化剂强度不够，试验没有成功。近些年，由于国内没有市场需求，该催化剂研发已暂停。

2）经济可行性

N_2O 催化分解技术减排效率相比其他减排技术略低，但投资成本低，前期设备投资很少。N_2O 催化分解技术的减排成本主要体现在催化剂方面。目前国外减排催化剂的减排成本大约为 8 元 / 减排 CO_2-eq，国内减排催化剂的减排成本大约为 3 元 / 减排 CO_2-eq（仅包括催化剂成本，不包括设备改造、催化剂装填、监测和数据采集系统等投资成本，减排成本仅作参考，与实际可能存在差距）。

3）安全和环境影响

N_2O 催化分解技术通过在反应炉内安装 N_2O 分解催化剂（催化剂可直接安装在铂网的下面），对 N_2O 进行捕集、反应，从而将氨氧化炉内的 N_2O 分解为 N_2 和 O_2。炉内减排技术的核心在于催化剂，催化剂的性能与反应条件直接影响到 N_2O 的分解效率，因此减排效率高、性能优异的催化剂的研制是该技术的研究重点。四川蜀泰化工科技有限公司研制了一种新型 N_2O 炉内减排环保催化剂，其原料主要为硝酸铈、硝酸锆、硝酸钴等，并于 2016 年 7 月在国内某工业硝酸生产装置中安装使用，对应的工业应用条件为温度 860～880℃、压力 0.4 MPa、空速 40 000 h^{-1} 以上。结果表明，在该种催化剂工作下的炉内 N_2O 减排效果明显，减排效率始终保持在 80% 以上；此外，该催化剂已经在装置上正常运行超过 24 个月，减排效果仍然保持在 70% 以上，减排效果良好，具有较好的稳定性[115]。

3. 技术发展预测和应用潜力

燃烧过程 N_2O 催化分解技术通过催化剂将 N_2O 转化为 N_2 和 O_2，对大气无污染。在我国能源结构转型之前，化石燃料与生物质燃烧将一直占据我国能源消费的主体地位，若该技术能在燃料燃烧领域实现突破，势必将为我国低碳、绿色的能源转型提供有力保障，也将为"碳中和"愿景的实现提供重要支撑。

在化工领域，硝酸和己二酸是基础化工产业，N_2O 排放量大。该技术安全稳定、无风险，具备良好的技术安全性。硝酸和己二酸产业每年排放的 N_2O 折合 CO_2 排放量约 1.6 亿 t 左右，若该技术能在行业大范围应用，减排效率按照 80% 估算，每年可减少 CO_2 排放量 1.2 亿 t 以上。

5.4.2 烟气处理协同脱硝脱氧化亚氮技术

1. 技术介绍

1）技术定义

烟气处理协同脱硝脱 N_2O 技术，又称选择性催化还原法（烟气处理法）技术（SCR），指将 NH_3 作为脱硝剂喷入高温烟气脱硝装置中，在催化剂的作用下，高效地将氮氧化物还原为 N_2 的技术。

2）技术原理

该技术催化还原污染物的机理如图 5-7 所示。其反应式为：$4NO+4NH_3+O_2 \rightarrow 4N_2+6H_2O$（需有催化剂参与，如常见的商用钒钛体系催化剂）。烟气中的 NO_x 通常指 NO 和 NO_2 的混合物，且以 NO 为主，$NO/NO_2 \geqslant 95\%$[116]。脱硝反应可以在 200～450℃ 的温度范围内有效进行，在 NH_3/NO 为 1 的条件下，脱硝效率可达 80%～90%。化石燃料燃烧是工业生产中主要的 N_2O 排放源，表 5-6 列出了目前不同燃烧设备的 N_2O 排放浓度，从表中可以看出煤粉锅炉、燃油锅炉、天然气锅炉和燃气轮机中 N_2O 排放相对较少，流化床锅炉的 N_2O 排放则较高，最高可达 250 ppm。在实际脱硝设备存在的机组中，N_2O 的排放主要有两个来源：一是在煤燃烧过程中生成 N_2O；二是在脱硝的过程中以副产物的形式产生 N_2O[117]。合理控制催化剂的配方，可大大减少 N_2O 的产生。

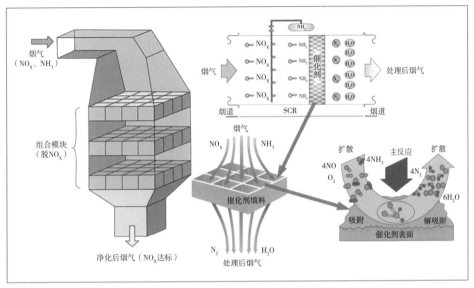

图 5-7　烟气处理协同脱硝脱 N_2O 技术原理图[118]

表 5-6　各种化石燃料在不同燃烧设备中的 N_2O 排放浓度[81]

燃烧装置	燃料	N_2O 排放浓度（ppm）
煤粉锅炉	烟煤、褐煤	0 ~ 5
燃油锅炉	油	0 ~ 5
天然气锅炉	天然气	0 ~ 5
燃气轮机	木材或废料	0 ~ 20
流化床锅炉	泥煤、褐煤、油、页岩	20 ~ 50
	烟煤	30 ~ 250
链条炉	烟煤	0 ~ 20

2. 技术成熟度和经济可行性

1）技术成熟度

该技术是一种成熟、效率高的 NO_x 控制处理技术，合理优化催化剂配方对 N_2O 减排具有较好的效果，该技术具有以下特点：

（1）氮氧化物脱除效率高。据工程实例调查数据，该技术对一般的氮氧化物脱除效率在 70% ~ 90%，一般的氮氧化物出口浓度可降至 100 mg/m³，是一种高效的烟气脱硝技术。

（2）二次污染小。该技术的基本原理是用还原剂将氮氧化物还原为无毒无污染的 N_2 和 H_2O，整个工艺产生的二次污染物质很少。

（3）技术较成熟，应用广泛。该技术已在发达国家得到广泛应用。例如，德国火力发电厂的烟气脱硝装置中该技术应用比例约为 95%。在我国已建成或拟建的烟气脱硝工程中采用的也多是该技术。

2）经济可行性

该技术投资费用和运行成本较高，以我国第一家采用 SCR 脱硝系统的火电厂——福建漳州后石电厂为例，该电厂 600 MW 机组采用的 SCR 烟气脱硝技术，总投资约为 1.5 亿元。除了一次性投资外，SCR 工艺的运行成本也很高，主要表现在催化剂的更换费用高、还原剂（液氨、氨水、尿素等）消耗费用高等方面。

3）安全和环境影响

该技术是目前世界上应用最为广泛、成熟、高效的一种烟气脱硝技术，也是有效的 N_2O 减排技术，其可实现氮氧化物稳定、高效降解，技术安全性显著，且具备良好的环境效益，生成的无毒无害的 N_2 和 H_2O 对环境无二次污染。

3. 技术发展预测和应用潜力

由于该技术的关键在于催化剂的性能，因此高活性、长寿命的催化剂开发便成了此技术发展的重点。目前，国产的 SCR 催化剂虽已满足市场的基本需求，但产品的寿命与可靠性仍有优化空间。减少催化剂的失活率、延长催化剂使用寿命、增强催化剂活性组分、开发新型高效载体材料、优化反应器结构和参数等均是未来重要的研究方向。预计十年内，国内的 SCR 催化剂行业将进入平稳需求阶段，可维持平均每年 15 万 m³ 的市场规模，目前国内的现有产能仍远低于此规模（约 50 亿 ~ 70 亿元），因此，SCR 催化剂行业仍具备持续上升的空间。

开发新型协同脱硝脱 N_2O 的 SCR 催化剂可以进一步提升 NO_x 脱除能力，实现 N_2O 减排。

5.5　小结

农业领域是 N_2O 最主要的排放源，控制农业 N_2O 排放对减缓和适应全球气候变化具有重要作用，而农业 N_2O 的排放具有较大的不确定性，且较难控制，国内外对农业 N_2O 温室气体排放及控制技术的研究正处于逐步完善阶段。近年来，我国推出了 N_2O 减排技术模式，以期望在固氮生物多样性利用、水肥高效作物选育与管理、生物质废弃物高效堆肥及农业投入品精准调控与优化等技术方面寻求突破，并重点通过减少氮肥施用、优化施肥方式、改进肥料种类、提高水肥耦合的方式，在增加作物产量的同时，有效减少 N_2O 排放，提升氮肥利用率，实现增产与减排的协同。

废弃物及污水处置领域的 N_2O 减排技术则可重点对生产工艺进行精准化、智能化监测与调控，加强抑制反硝化的副作用，减少 N_2O 的排放，提高生物处理工艺的经济性、高效性。这对生产设施、工艺及管理等均是较大的挑战。

相对于上述两种 N_2O 排放源的减排控制，燃烧及其他工业领域的 N_2O 排放较为集中，减排手段更易于实施。故而，该领域 N_2O 催化分解技术和烟气处理协同脱硝脱 N_2O 技术成为我国近十年以及后续十几年减排技术应用和推广的主要着力点。

第 6 章

含氟气体减排技术评估

6.1 含氟气体减排技术应用场景现状

6.1.1 应用场景

在非二氧化碳温室气体中，含氟气体包含氟烃类物质、PFCs、SF_6、NF_3等多种物质，分别来自制冷剂、发泡剂、灭火剂和化工原料等生产和使用过程，其中氟烃类物质和SF_6的排放是当前含氟气体排放的主要构成部分。含氟气体独特的物理化学性能，使得它们在制冷、半导体、电力、消防等领域表现出良好的应用性能，并且在一些新兴产业中得到了应用。种类繁多的HFCs气体多用作制冷剂、发泡剂、清洗剂等，其中HFC-23基本上是工业废气，是纯粹的强温室气体。PFCs主要有C_2F_6和CF_4两种，其主要排放源是电解铝行业，产生于铝镁生产，集成电路或半导体制造，TFT平板显示器制造以及光电流、电力设备制造、使用和处理等过程。SF_6是优良的绝缘保护气体，主要用于高压电器开关和半导体电路板的生产过程，来源于电子、电力和冶金铸造行业。

受含氟制冷剂使用量的快速增加和未来电力需求持续增长的影响，含氟气体在非二氧化碳温室气体排放占比持续上升。根据我国气候变化第二次两年更新报告和气候变化第三次国家信息通报数据显示，2010年含氟气体排放量较2005年增长了30%，2012年较2010年增长了17%，2014年较2012年增长了53%；2020年含氟气体排放量总计达4.8亿t CO_2-eq，占非二氧化碳温室气体排放量的2%，其中制冷剂约为3.3亿t CO_2-eq，PFCs约为0.5亿t CO_2-eq，SF_6约为0.7亿t CO_2-eq。

虽然含氟气体在非二氧化碳温室气体碳排放中占比是最少的，但其百年尺度内GWP值高达10 000以上，温升效应巨大，相较于CH_4与N_2O，温室效应减排空间较大。含氟气体减排技术是非二氧化碳温室气体减排的有力支撑，根据含氟气体的产生流程与减排阶段可划分为源头减量技术、过程控制技术、末端处置技术与综合利用技术四大类（见表 6-1）。

表 6-1　含氟气体减排技术统计表

	亚类技术	单一技术
含氟气体减排技术体系	源头减量技术	低 GWP 制冷剂替代技术
		低（无）阳极效应电解技术
		SF_6 环保替代气体技术
		PFCs 环保替代技术
	过程控制技术	SF_6 气体回收循环利用技术
	末端处置技术	含氟气体低能耗消解技术
		含氟气体捕集浓缩技术
	综合利用技术	含氟制冷剂高效再生技术
		含氟气体转化利用技术

　　含氟气体源头减量技术涉及工业生产和使用过程中的多领域与环节，主要包括低 GWP 制冷剂替代技术、低（无）阳极效应电解技术、惰性阳极铝电解技术、SF_6 环保替代气体技术和 PFCs 环保替代技术。源头减量技术是含氟气体碳排放减排的关键和核心，在非二氧化碳消减技术领域具有较高减排贡献，但该技术整体成熟度不高，处于中试阶段。含氟气体过程控制技术主要是突破 SF_6 气体回收循环利用瓶颈，通过对 SF_6 气体进行回收和循环再利用，减少其排放，该技术已达到商业化应用阶段，与国际成熟度相当。含氟气体末端处置技术是对含氟气体进行合理利用，以减少过程向环境的泄漏量，从而降低排放，主要包括 PFCs 低能耗消解技术、SF_6 无害化处理技术、含氟气体低能耗消解技术和含氟气体捕集浓缩技术。末端处置技术整体处于基础研究和中试阶段，根据技术发展水平现状，需 5～20 年左右达到技术成熟并推广应用。含氟气体综合利用技术是减排的最后关口，是对回收的含氟气体进行再利用，以实现资源利用最大化，主要包括含氟制冷剂高效再生技术和含氟气体转化利用技术。

6.1.2　技术需求

现阶段，我国含氟气体管控和减排技术总体较为薄弱，主要体现在：技术整体成熟度不高，多处于中试阶段或工业示范阶段；关键技术应用成本较高，商业应用推广不充分；部分关键产品或技术缺乏自主知识产权，实施受限等。随着减排压力增大，履约需求增长，现有相对成熟的技术手段难以实现深度减排和净零排放，减排成本将快速增加。要实现含氟气体尽快进入减排期，可从加强自主知识产权减排关键技术的研发和合理布局关键、核心减排技术创新攻关等方面着手。

首先，要积极研发具有自主知识产权的减排关键技术。以新型制冷剂替代技术为例，含氟温室气体替代品的开发涉及分子设计、合成、应用研究以及应用系统集成等，需要上下游结合、行业层面的统一组织和协调，需要完整的替代品开发体系和性能评价体系的支撑（如图6-1）。我国已经拥有了替代品目标化合物的合成和工艺开发能力，一些涉及含氟替代品产业化生产的关键技术也基本掌握，但尚没有筛选替代品和设计分子的能力。而替代品和替代技术的选择，不仅要考虑对气候环境的影响，还要考虑性能、安全、经济成本等因素，可选择范围小、开发周期长、投入大、技术门槛高。当前，主流替代品的一些核心专利几乎都掌握在国外大公司的手中，已形成了严密的知识产权保护，我国企业虽然拥有相关的生产技术，但是由于专利的限制，国内企业不仅不能投入生产，而且采用这些替代品或技术也需要获得国外公司应用专利的许可，代价高昂。因此，以自主可控为目标，开发具有自主知识产权的新品种、新工艺和新的应用技术，打破技术专利制约壁垒，是解决重点行业、重要技术"卡脖子"难题的关键所在，这对加快我国含氟气体减排具有重要意义。

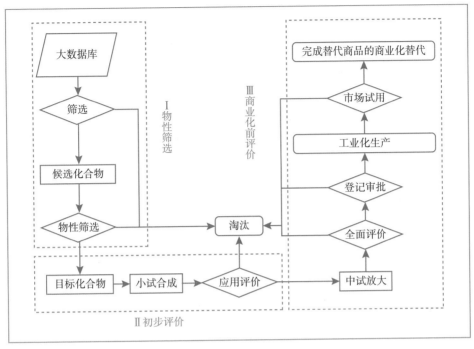

图 6-1　替代品开发体系和性能评价体系

其次，要合理布局关键、核心减排技术创新攻关，大力推进减排技术推广应用。工业领域含氟气体减排是非二氧化碳温室气体减排的重点和难点，要实现含氟气体深度减排，重要途径之一就是选择"合适的技术手段"减少碳排放量。不同减排技术在不同阶段发挥着不同作用。源头减量技术是我国含氟气体减排的治本之道，只有通过减少使用含氟气体的 GWP，才有可能实现排放当量的降低。过程控制技术在减排过程中发挥着重要作用，减少实际的制冷剂泄漏量是减排最直接有效的手段。末端处置技术在 2035 年之前将发挥重要作用。由于源头减量技术和综合利用技术还不成熟，为显著降低排放量，可将含氟气体消解为低温室效应气体或转化为其他工业原料。综合利用技术较末端处置技术难度要高，但相对于源头减量技术难度低，因此在 2030 年至 2045 年之间，综合利用技术将发挥最重要的作用。

从工业部门含氟气体减排来看，氟烃类物质减排措施主要从源头减量、末端控制和优化生产工艺展开，具体技术有低 GWP 制冷剂替代技术、燃气热分解技术、等离子体高温分解技术和 HFC–23 转化利用技术等。电解铝行业 PFCs 减排主要从降低阳极效应排放、降低非阳极效应排放和改变生产工艺如惰性电极的绿色铝电解新工艺等方面入手，具体有低（无）阳极效应电解技术、惰性阳极铝电解技术和 PFCs 环保替代技术等。在电力、电子和冶金铸造等行业，SF$_6$ 气体回收和循环再利用技术成熟，但需加强管控，尽快建立 SF$_6$ 气体全寿命周期管理和监控体系。SF$_6$ 灭弧真空替代技术目前应用的最高电压等级是 110 kV，国内刚开始试点应用，需攻克真空灭弧室的工艺和制造技术难题；SF$_6$ 环保替代气体技术在国内刚起步，仅零星应用于 10 kV 电压等级，需重点研究气体的灭弧能力、稳定性及其与设备材料的兼容性。

最后，要在不同时间段合理布局不同减排技术，促进深度减排。含氟气体是非消耗或产生性气体，根据当前各项关键技术应用现状与未来发展趋势，我们初步判断：近期应重点发展含氟气体"回收—再生—消解"技术，即通过政策及激励措施建立含氟气体的回收体系，避免直接向环境排放大量含氟气体并实现回收含氟气体的再生利用；对无法利用的含氟气体实现消解排放，大幅降低其温室气体排放总量。中长期来看，低排放气体的替代将发挥重要作用，应加大低 GWP 替代物的研发和推广应用，包括低 GWP 的制冷剂、替代 SF$_6$ 的低 GWP 物质、替代 PFC 的刻蚀清洗物质。从长远期来看，不采用含氟物质的制冷、电气保护、刻蚀清洗工艺，避免直接使用含氟物质，应大力推广 SF$_6$ 无害化处理等含氟气体削减技术，推动非二氧化碳温室气体超低排放。

6.2　源头减量典型关键技术

含氟气体源头减量技术是通过在排放源头减少排放活动水平实现含氟气体向大气排放量和排放气体 GWP 值的双降低，从而使得排放总量降低的技术。含氟气体源头减量技术涉及较多单一技术，本部分以低 GWP 制冷剂替代技术、低（无）阳极效应电解技术、SF_6 环保替代气体技术、PFCs 环保替代技术为例进行说明。

6.2.1　低全球变暖潜势值制冷剂替代技术

1. 技术介绍

目前常用的制冷方式包括：蒸汽式压缩制冷、蒸汽吸收式制冷、蒸汽喷射式制冷、吸附式制冷、热电制冷、磁制冷和声制冷等。由于制冷方式不同，采用的制冷剂也不同。以蒸汽吸收式制冷为例，主要制冷装置由发生器、冷凝器、蒸发器、吸收器、循环泵、节流阀等部件组成；工作介质包括制取冷量的制冷剂和吸收、解吸制冷剂的吸收剂，二者组成工质对，常用工质对为溴化锂-水（制冷剂是水）、氨-水（制冷剂是氨）。

制冷剂是各种热机中借以完成能量转化的媒介物质，是在制冷系统中不断循环并通过其本身的状态变化以实现制冷的工作物质。目前广泛使用的制冷剂都具有较高的 GWP 值，因此开发低 GWP 值的制冷剂是未来的发展趋势。

在我国低 GWP 制冷剂替代技术研究中，我们首先需要明确不同领域同时满足双碳目标和基加利修正案制冷剂替代要求的我国替代制冷剂 GWP 限值。同时，应进行不同应用领域满足 GWP 限制的制冷剂大范围筛选和研发。最后，应开展面向新制冷剂的系统形式构建和重点部件攻关。

替代制冷剂选择与技术开发交织在一起。截至目前，制冷剂已发展至第四代产品（如图 6-2），相较第一代至第三代，第四代制冷剂兼顾安全、环保和经济的特性，被认为是未来可替代 HFCs 的新一代制冷剂。鉴于环境保护和气候变化应对要求，第四代制冷剂工质的选择以零 ODP（臭氧层消耗潜值）、低 / 中 GWP 值为标准，工质主要为天然（自然）工质和其他工质。天然工质包括 CO_2 工质、氨工质、水和 HCs 工质；其他工质包括 HFO-1234yf 工质等。

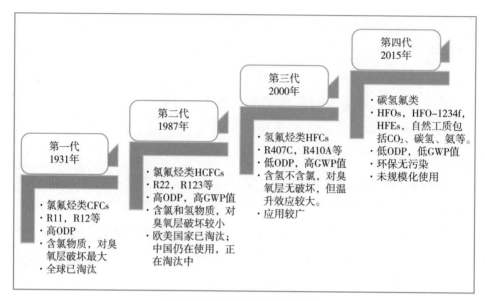

图 6-2　四代制冷剂发展历程

2. 技术成熟度和经济可行性

1）技术成熟度

从技术发展现状看，目前该技术在我国处于中试阶段。截至目前，全球范围内都没有找到符合零 ODP（臭氧层消耗潜值）、低 GWP 值、安全和高效的完全理想的替代制冷剂，各个产品领域采用何种替代技术路线仍存在一定的争议和不确定性。

自然工质中的 CO_2 工质具有易获取性、良好的安全性和环保性（GWP 值为 1），符合当前制冷剂工质环保性能的要求[119]。国内外对 CO_2 替代工质的应用研究较早，均已开展工业化应用，但我国市场应用率偏低。目前我国对 CO_2 制冷技术的应用主要为利用 CO_2 良好的低温流动性能和换热特性，将其作为复叠制冷循环低温级制冷剂。以盾安和冰轮为例，其中盾安主要采用 CO_2 与氟复叠的技术路线，冰轮采用 CO_2 与氨复叠的技术路线。

第四代新型 HFO 工质在国外已有较高技术成熟度。从市场推广来看，2009 年美国环保署与美国汽车空调协会树立了 HFO 在汽车空调制冷剂的地位；日本监管机构已批准该产品在日本使用；欧洲阿科玛公司将 HFO 作为替代 HFC 应用于汽车空调系统。目前国内还没有完全成熟的 HFO 制冷剂品种，技术成熟度较低。虽然我国现已拥有第四代制冷剂生产能力，但鉴于制冷剂价格和知识产权使用限制等，其应用并未得到推广。2025 年以前，第三代制冷剂仍将是中国制冷行业、制冷设备制冷剂的主要选择。

2）经济可行性

自然工质因其天然性较易从自然或者其他工业过程中获取，因此价格低廉，制冷剂工质本身的替代成本较低。目前国内在自然工质的应用方面已经初步建立多条成熟设备生产线，因此自然工质替代导致的行业转型对于投资的要求并不高。

新型 HFO 工质的替代如果采用国外已完成研发的制冷剂具有较高的技术成熟度。但综合考虑制冷剂价格、知识产权风险等，研发具有自主知识产权的 HFO 制冷剂是更为稳妥的道路。鉴于目前国内还没有完全成熟的 HFO 制冷剂品种，要达到最终应用，需要大量的研发费用和时间的投入；并且基于 HFO 工质或混合工质的替代将造成行业较大的转型投入。因此，积极拓展自然工质使用，稳步推进自主 HFO 及混合制冷剂的研发是实现我国低 GWP 制冷剂替代技术发展的必由之路。

3）安全和环境影响

低 GWP 制冷剂替代技术可以减少对环境的污染，降低能耗，但其替代工质多为易燃易爆工质，存在一定安全风险。如 CO_2 工质具有低毒、不可燃的特性；氨工质具有有毒、弱可燃的环保工质；HCs 虽然无毒，环保性能良好，但具有强可燃性的特点；HFO 及其混合物一般不具有毒性，可燃性较低或者不可燃，具有很好的技术安全性。此外，替代工质在大气中分解后有可能会分解为极高 GWP 物质，带来二次污染和次生风险。但大量研究结果表明，随着相关政策和标准出台，以及应用研究的不断深入，替代工质的安全风险将会降低。如欧洲已经在逐步推广采用可燃工质 HC-290 的家用空调器等制冷设备，在规定的应用范围内，HC-290 更具安全性。

3. 技术发展预测和应用潜力

我国低 GWP 制冷剂替代技术的发展路径尚不明确。总体而言，扩大自然工质使用和采用 HFO 及其混合物是两条密不可分的路径。考虑到技术成熟度，自然工质具有更高的短期应用潜力。需要明确的是，制冷设备种类繁多，不同设备制冷剂替代的技术路线可能相差巨大，我们需要对每种应用的特性进行分析，最终决定符合中国利益的制冷剂替代路线。

整个行业低 GWP 制冷剂替代技术可实现的减排总量目前难以准确估计。但典型行业的替代减排潜力可在假定替代品的情况下进行估算（见表 6-2）：

表 6-2　典型行业制冷剂替代减排潜力预估表

子行业	对比替代品	至 2050 年累计减排量（Mt CO_2-eq）	备注
汽车空调	HFO-1234yf、CO_2	800	基年为 2015 年
房间空调	R290	4 200	
工商制冷空调	天然工质、HFOs	4 000	
小计		9 000	

若汽车空调行业采用 HFO-1234yf 作替代品，并完全按照《基加利修正案》所设定的时间表，对 HFC-134a 的消费进行削减，截至 2050 年，该行业减排的温室气体累计可达 800 Mt CO_2-eq。

若房间空调行业替代品全部采用 R290，截至 2050 年，该行业可累计减排温室气体 4 200 Mt CO_2-eq。

若工商制冷空调行业采用可忽略 GWP 值的天然工质或 HFO 类工质，截至 2050 年，该行业的累计减排量可达 4 000 Mt CO_2-eq。

6.2.2　低（无）阳极效应电解技术

6.2.2.1　低阳极效应设计及控制技术

1. 技术介绍

铝电解工业产生 PFCs 的环节是阳极效应期，当发生阳极效应时，电解生产会生成 CF_4 和 C_2F_6。

阳极效应（Anode Effect）是铝电解生产过程中，因各种综合因素的叠加影响，突然形成较大的气膜电阻，致使槽电压突然明显升高，并在阳极周围伴有弧光放电的现象。

按式 6-1 计算阳极效应系数 AEF：

$$AEF=AE_s/\left(N\times D\right) \tag{6-1}$$

式中：AEF 为单台电解槽在每天发生阳极效应的次数，单位为次每槽日［次 /（槽·日）］；AE_s 为阳极效应次数，单位为次；N 为电解槽数目，单位为台；D 为统计的时间段，单位为天（d）。铝电解槽发生阳极效应，从阳极效应开始时刻到槽电压低于 8 V，且时间超过 15 s 时的持续时间为阳极效应持续时间；若结束后 15 min 内再次发生效应，其槽电压大于 8 V 的持续时间与前一次持续时间合并为阳极效应持续时间。

低阳极效应设计及控制技术是通过精准控制铝电解阳极效应、降低阳极效应系数，直至实现零效应生产的应用技术，其原理如图 6-3 所示。

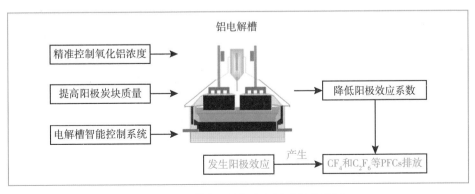

图 6-3　低效应系数铝电解技术的原理图

根据上图，铝电解低阳极效应控制可通过控制 Al_2O_3 浓度、优化电解槽流动场设计、提高阳极炭块质量、改进电解槽的工艺技术条件等途径来实现。

（1）控制 Al_2O_3 浓度，优化电解槽流动场设计，可以降低阳极效应系数，减少铝电解工业 PFCs 的排放。正常铝电解时，电解质中 Al_2O_3 含量较高，氧离子在炭阳极上放电，生成 CO_2；当 Al_2O_3 含量过低时，氟离子在炭阳极上参与放电，生成 PFCs。因此，及时补充 Al_2O_3，优化 Al_2O_3 的控制策略，定期维护电解过程中的下料机械以及控制氧化铝的质量，能够有效控制铝电解过程中发生的阳极效应[120]。

（2）铝电解环节电解对象主要为冰晶石 – 氧化铝熔体，电解槽中的阳极组成物质主要为炭[121]，在电解过程中，电解对象的浓度会逐渐被稀释，当浓度过低时，炭端湿润度下降，其对气体的吸收效率会提升，炭阳极气体过多，会形成阻隔电流的气体膜，炭本身会被气体膜覆盖，相关的导电面积便会减少，这会使电流密度逐渐飙升至最大值，从而超出安全规定标准数值，产生阳极效应。因此，提高炭块质量，有助于降低阳极效应。

（3）改进电解槽的工艺技术条件也对阳极效应有重要的影响。实时监控现有电解参数，并升级现有的槽控系统，优化过热控制，效应熄灭自动控制，实现对铝电解生产过程的智能控制，也有助于降低阳极效应系数。

2. 技术成熟度和经济可行性

1）技术成熟度

低阳极效应设计及控制技术目前处于工业示范阶段。该技术覆盖了铝电解行业当前比较成熟的关键减排技术，例如浓度控制优化、过热度控制优化、电解槽流动场设计优化、效应熄灭自动控制、高品质铝用炭阳极等技术，技术基本成熟。从铝行业发展水平来看，各主要铝企业都在开发各式各样的低阳极效应系数铝电解技术，且都有不同程度的应用。国内目前已有三家铝电解企业开展了关于低效应系数铝电解技术的工业示范，包括中国铝业股份有限公司、酒泉钢铁（集团）有限责任公司的甘肃东兴铝业有限公司、云南铝业股份有限公司，该技术的工业示范效果较好（如表 6-3）。

表 6-3　国内低效应系数铝电解技术的进展

企业	技术	进展/效果
中国铝业股份有限公司郑州研究院	大型铝电解槽低阳极效应技术：与大型预焙电解槽相适应的电解铝低效应控制生产技术，包括低窄 Al_2O_3 浓度电解工艺技术、偏抛物线二次回归控制策略、Al_2O_3 浓度软测量技术。	在中国铝业公司 350 万 t 原铝生产企业应用，平均效应系数从 0.3 次/（槽·日）降低到 0.13 次/（槽·日），吨铝节电约 50 kW·h，减少温室气体排放量 1 t 以上。
酒泉钢铁（集团）有限责任公司	500 kA 铝电解槽降低阳极效应系数技术：在合理技术条件范围基础上，以低窄 Al_2O_3 浓度为核心的耦合匹配优化技术条件体系，实现稳产高产情况下的阳极效应"趋零化"控制技术。	在酒泉钢铁（集团）有限责任公司的甘肃东兴铝业有限公司应用，阳极效应系数稳定降到 0.013 次/（槽·日），阳极效应持续时间降到 88 秒（约 1.47 分钟）。
云南铝业股份有限公司	200 kA 级铝电解槽"零效应"技术：包括工艺优化、高效平稳 Al_2O_3 供送技术、电解槽打击下料与供风系统的改造及高效率计算机辅助控制技术。	建立 200 kA 级铝电解槽"零效应"控制技术体系，实现阳极效应系数全年 0.027 6 次/（槽·日），最低达到 0.007 次/（槽·日）。

2）经济可行性

低阳极效应设计及控制技术的工业应用成本较低。一般来说，大型铝电解槽建造成本较高，其中槽控系统投入占比为 1%～3%；改造升级槽控系统的预计建造成本将增加 2%～3%，但节能带来的经济效益将高于投资成本，同时还可以实现碳氟化物的减排，因此，该技术具有良好的经济性。

3）安全和环境影响

铝工业是支撑我国国民经济的重要产业，产量大，碳氟化物排放量大[122]。碳氟化物的减排或消解等相关技术具有良好的技术安全性和巨大的社会效益。

该技术采用大数据、物联网和人工智能相结合的方法提升电解槽的智能控制，不但能完成铝电解节能目标，还可推动高新技术在传统行业的应用，实现智能化生产。另外，推广应用该技术的节能效果明显[123]。由于铝电解是高能耗行业，即便是微小的节能效果，也能创造巨大的节能效益。

3. 技术发展预测和应用潜力

低阳极效应设计及控制技术涉及铝电解相关的若干集成技术，非单一技术可实现，其核心在于物料平衡和能量平衡，通过精准控制 Al_2O_3 浓度和过热度来实现。该技术预计需 4 ~ 8 年时间推广应用，并进入商业化应用阶段。

2020 年中国原铝产量 3 708 万 t，按中国有色金属工业协会推荐的排放因子数值 0.034 kg CF_4/t Al 和 0.003 4 kg C_2F_6/t Al 计算，会产生 1 262 t CF_4 和 126 t C_2F_6。低效应系数铝电解技术的实施，预计可以实现 PFCs 排放量在现有基础上降低 50%，即每年减少 631 t CF_4 和 63 t C_2F_6 的排放，折合成 CO_2 减排（631 t × 6500+63 t × 9200）=411 万 t。

根据技术评估结果，该技术减排潜力在 2025 年、2030 年、2035 年、2050 年和 2060 年呈增长趋势，分别为 0.06 亿 t CO_2-eq、0.1 亿 t CO_2-eq、0.15 亿 t CO_2-eq、0.15 亿 t CO_2-eq 和 0.24 亿 t CO_2-eq，减排潜力巨大。

6.2.2.2 惰性阳极铝电解技术

1. 技术介绍

惰性阳极铝电解技术，是以惰性阳极取代铝电解常规使用的炭阳极，从源头彻底消除碳（包括 CO_2 和碳氟化合物）排放的技术。惰性阳极，是相对于铝电解中使用的消耗性的炭阳极来说，是惰性阳极铝电解技术中的核心材料。

现代工业铝电解槽采用炭阳极发生的化学反应式为：

$$Al_2O_3+\frac{3}{2}\,C=2Al+\frac{3}{2}\,CO_2 \qquad (6-2)$$

当使用惰性阳极时，铝电解反应式为：

$$Al_2O_3=2Al+\frac{3}{2}\,O_2 \qquad (6-3)$$

铝电解用炭阳极和惰性阳极的反应机理如图 6-4 所示：

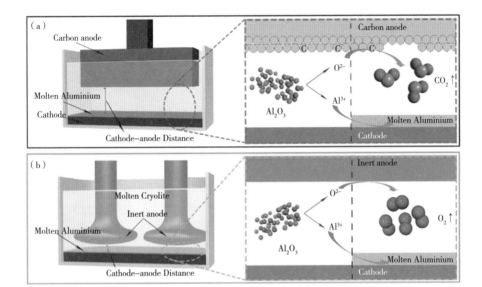

图 6-4　铝电解用炭阳极和惰性阳极的反应机理（a）炭阳极；（b）惰性阳极

当使用炭阳极时，阳极产生的气体主要为 CO_2，还有少量 CO，当阳极效应发生时，还会产生碳氟化合物（包括 CF_4 和 C_2F_6）。当使用惰性阳极时，阳极上产生的是 O_2，既没有 CO_2 也没有碳氟化物。惰性阳极可以减少更换阳极操作的次数。使用惰性阳极的要求如下。

（1）在电流密度为 $0.8\ A/cm^2$ 时，阳极的腐蚀速度应小于 $10\ mm/a$；

（2）在电流密度为 $0.8\ A/cm^2$ 时，极化电压应小于 $0.5\ V$，其连接电压降不比炭阳极大；

（3）在正常的工业生产条件下，它的性能要充分满足以下各点：

◉ 在 1000℃下对 O_2 稳定；

◉ 抵御氟的腐蚀；

◉ 热稳定性和适当的抗热振能力；

◉ 适当的机械强度；

◉ 电阻率小；

◉ 不降低铝的质量；

- 容易而且稳定地实现电气连接；
- 对环境无害；
- 改善人体健康和安全；
- 存在技术改进的预定；
- 成本低廉，而且容易做成大件。

2. 技术成熟度和经济可行性

1）技术成熟度

当前，惰性阳极铝电解技术处于工业示范阶段[124]。大规模的工业试验尚未有文献报道，但有一些企业报道了相关工业试验研究进展（见表6-4）。世界主要铝产国开展了大量的研发工作，如美国铝业公司、中国铝业公司、中国东北大学等均较早完成实验室扩大试验；2021年，ELYSIS公司宣布将在Alma铝厂的450 kA电解槽生产线上进行惰性阳极的工业试验；俄罗斯铝业同年宣称在西伯利亚克拉斯诺亚尔斯克铝厂进行的惰性阳极二代电解槽技术取得重要进展。从技术难度和科技水平分析，目前关于金属基惰性阳极的腐蚀问题和陶瓷基惰性阳极的导电性问题尚未解决，无法达到真正的"惰性"和理想的效果。根据现有技术发展水平判断，该技术预计需要7~14年达到成熟状态并推广应用。

表6-4 惰性阳极铝电解技术市场运用范例

序号	国家/机构	技术应用阶段
1	加拿大/Alma铝厂	450 kA惰性阳极电解槽原型
2	俄罗斯/Rusal铝业公司	140 kA惰性阳极电解槽（铝纯度99%，产量为1 t/d，吨铝 CO_2-eq＜0.01 t）
3	瑞典/MOlteCH公司	25 kA惰性阳极电解实验
4	中国/东北大学、中南大学、中国铝业公司等	金属基、陶瓷基惰性阳极实验室研究及扩大试验

2）经济可行性

该技术成本取决于能耗和阳极原材料价格。目前研究的惰性阳极材料主要有陶瓷、金属和金属陶瓷等，多采用含镍材料[125]，其价格较贵，阳极制造成本较高，比普通炭阳极高 15~20 倍。

新电解槽设计可将铝电解极距和电解温度等降低，抵消分解电压增加；惰性阳极使用寿命只要达到炭阳极使用寿命（约 1 个月）的 15~20 倍，原材料成本可以抵消（见表 6-5）。因此，与炭阳极比较，未来的惰性阳极有可能实现能耗和成本的平衡，因而具有很强的经济性和吸引力。

表6-5　燃料/原料与过程替代对比

对比项目	炭阳极	惰性阳极
Al_2O_3 分解电压（1300 kV）	1.18	2.20
理论能耗 $[(kW \cdot h)/kg\ Al]$	6.32	9.24
阳极过电压（V）	0.4~0.6	0.2
极距（cm）	4~5	3
极间压降（V）	1.6~1.8	1.1~1.3
使用寿命（天）	30 左右	450~600
换极操作成本	较高	无
阳极制造油焦消耗	较高	无

3）安全和环境影响

惰性阳极铝电解技术不但能从源头上消除铝电解的碳氧化合物、碳氟化物排放，且不用更换，大幅降低了人力投入。不更换阳极，电解过程热损失就小，电解槽运行稳定，效率高。

相比传统炭阳极会在生产过程中排放多环芳香烃等有毒有害物质，惰性阳极除了能消除 CO_2 和碳氟化物的排放，还能消除多环芳香烃和粉尘排放，具有明显的环保效益。

3. 技术发展预测和应用潜力

惰性阳极铝电解技术对于铝电解工业具有变革性意义。目前，生产每吨铝需消耗大约 13 000 kW·h 电能和 0.4 t 碳素材料，根据《中国电解铝生产企业温室气体排放核算方法与报告指南（试行）》[126]，按中国有色金属工业协会的推荐，PFCs 的排放因子数值为 0.034 kg CF_4/t Al 和 0.003 4 kg C_2F_6/t Al。2020年，我国电解铝产量为 3 708 万 t，如果采用该技术，将会减少碳素材料消耗 1 483.2 万 t，同时减少 CO_2 排放 4 532.0 万 t，减少 CF_4 排放 1 206.7 t（折合 CO_2 784.3 万 t），减少 C_2F_6 排放 120.7 t（折合 CO_2 111.0 万 t），增加 O_2 排放 3 296 万 t。

根据技术评估结果分析，该技术减排潜力巨大，预计在 2025 年、2030 年、2035 年、2050 年和 2060 年分别减排 40 万 t CO_2-eq、600 万 t CO_2-eq、1 000 万 t CO_2-eq、0.24 亿 t CO_2-eq 和 0.24 亿 t CO_2-eq。

6.2.3　六氟化硫环保替代气体技术

1. 技术介绍

SF_6 环保替代气体技术是以绝缘性能优良，兼具理化特性、环保特性和电气特性的环境友好型气体替代 SF_6 运用于电力行业的技术。

SF_6 是一种人工合成物质[127]，具有稳定的化学性质，因其具有优良的绝缘和灭弧性能，在电气设备中作为绝缘气体介质已被广泛使用，在镁铝合金熔融保护气方面也有少量用途。SF_6 相较于其他温室气体而言，具有远超其他同类温室气体的全球变暖潜势；其大气生命周期长，不易被分解，在极长（3 200 年）的生命周期里，SF_6 所带来的温室效应会不断叠加和增强。因此，在电力系统中减少、限制甚至禁用 SF_6 气体是未来电力行业和电网装备的发展方向。

SF_6 环保替代气体及研究与发展趋势主要有四个方向：

1）六氟化硫混合绝缘气体

SF_6 混合绝缘气体可由 SF_6 与 N_2、CO_2、CF_4 等气体混合获得，混合后的液化温度可以保持较低的温度，绝缘性能虽然相比纯 SF_6 有所下降，但随着配套绝缘设备的改进，也能够满足使用需要。

2）天然工质绝缘气体

天然工质绝缘气体包括干燥空气（CDA）、N_2、CO_2 和 O_2 等单工质或混合气体，可以从大气中自由获得，储量丰富。天然工质绝缘气体的优点是具有很好的环保性能、理化性质比较稳定、制备成本较低、液化温度远低于 SF_6。天然工质绝缘气体可在高压下用作绝缘材料或高压开关中灭弧介质材料，在工程应用中，它的主要缺点是气体分子吸附电子的能力太弱，导致绝缘强度远小于 SF_6，所以需要在设备中增压，这使得电气设备尺寸增大、占地面积增加，经济成本也会相应增加。

3）全氟烃类绝缘气体

全氟烃类化合物完全由碳原子和氟原子组成，是一种全氟化的结构，简称 PFCs。目前可作为绝缘气体介质的 PFCs 主要有 CF_4、C_2F_6、C_3F_8 和 C_4F_8，它们具有较高的介电强度和击穿电压。在这些气体中，C_4F_8 的介电强度较高，为 SF_6 的 1.25 倍到 1.31 倍。然而，液化温度较高限制了 PFCs 在绝缘领域中的应用，同时较高的 GWP 值带来的环境问题也是 PFCs 的软肋之一。

4）新型合成绝缘气体

新型合成绝缘气体主要是具有精细官能团的含氟化合物，其中较常见的新型合成绝缘气体主要有氢氟烃类（HFOs）、含氟酮类（FKs）、含氟腈类（FNs）以及三氟碘甲烷等。这些化合物相比 SF_6 及全氟烃类化合物，环保性能较好，GWP 值大幅降低，同时具备比 SF_6 更强的绝缘能力。由于新型合成绝缘气体的绝缘能力很强，因此基本都是与天然工质气体混合使用，这样既保障了气体的工作性能，同时解决了合成气体液化温度较高的问题，另外还能降低合成气体的使用成本。典型的新型合成绝缘气体的基本性质及性能见表6-6。

表6-6 典型新型合成绝缘气体基本性质及性能

名称	六氟化硫	三氟碘甲烷	七氟异丁腈	全氟戊酮	全氟己酮
CAS 号	2551-62-4	2314-97-8	42532-60-5	756-12-7	756-13-8
分子式	SF_6	CF_3I	C_4F_7N	$C_5F_{10}O$	$C_6F_{12}O$
分子量	145.96	195.91	195.04	266.04	315.98
沸点，℃	-64	-21.8	-5	27	49
凝固点，℃	-51	-110	-118	-110	-108
ODP	0	≈0	0	0	0
GWP100	23 900	0.4	2 100	<1	<1
ALT，yr	3 200	0.005	30	0.04	0.04
临界折合电场强度（相对于 SF_6）	1	1.2	2	1.75	2.7
LC50，ppm	-	160 000	10 000 ~ 20 000	20 000	300 000

SF_6 混合绝缘气体是一种环保政策下的妥协产物，旨在解决纯 SF_6 气体的高 GWP 值问题，但会导致绝缘性能的下降。天然工质绝缘气体需要加压使用，设备尺寸也需要增大；全氟烃类绝缘气体具有很好的绝缘性能，甚至高于纯 SF_6，但同样具有高 GWP 值问题，需要与天然工质混合使用；最具潜力的当属新型合成绝缘气体，它既有良好的绝缘性能，而且不会带来环境问题。

2. 技术成熟度和经济可行性

1）技术成熟度

SF_6 环保替代气体技术在国外处于工业示范阶段；在国内尚处于中试阶段，目前还没有应用先例，加之电力系统对设备可靠性要求极高，预计该技术需 10 ~ 20 年才能够完全成熟并推广应用，技术推广难度大。

在四个替代方向中，SF_6 混合绝缘气体是随着 SF_6 环保问题凸显之后兴起的环保替代技术，经过多年发展，目前已有一些较好的组合比例及应用案例，详见表 6-7。

表 6-7　SF$_6$ 混合绝缘气体的组成及应用案例

研究单位 / 开发公司	混合气体的组成	性能测试或应用案例
贝尔格莱德大学	$n(SF_6):n(N_2)=7:13$	实验结果表明其协同效应最强，在不均匀场下的协同效应较均匀场更显著
阿尔斯通公司	$n(SF_6):n(N_2)=1:4$	开发了 240 kV GIL 系统，已应用于瑞士机场
西门子公司	$n(SF_6):n(N_2)=1:4$	开发了电压等级 550 kV、输送容量 300 MW 的 GIL 系统
韩国晓星公司	$n(SF_6):n(N_2)=1:3$	170 kV/50 kA 压气式断路器实验中，开断能力与纯 SF$_6$ 相当
日本东京大学	$n(SF_6):n(N_2)=1:3$	通过吹气式断路器实验证明其开断能力接近纯 SF$_6$ 的 80%
加拿大马尼托巴水电站	$n(SF_6):n(CF_4)=1:1$	开发了 115 kV/40 kA 的高压断路器
瑞士 ABB 公司	$n(SF_6):n(CF_4)$ 比例不明确	开发了 550 kV/40 kA 的高压断路器，应用于多尔西换流站

其他三个方向中，日本日立公司、东京电力公司、AE 电力公司、名古屋大学、法国图卢兹大学等多个公司或研究机构开展了相关研究，发现干燥空气、CO$_2$ 等天然工质在加压环境下有着较好的绝缘能力，如 0.6 MPa 下空气的绝缘强度为 SF$_6$/N$_2$（SF$_6$=5 vol%）混合气体的 95%。全氟烃类的应用研究较多，与 SF$_6$ 一样，它可以通过与天然工质绝缘气体混配来降低高 GWP 值的影响。新型合成绝缘气体本身 GWP 值较低。

2）经济可行性

在 SF$_6$ 环保替代气体中，SF$_6$ 混合绝缘气体和天然工质绝缘气体相较于其他两类气体具有成本低的优势，在一定程度上能够削减 SF$_6$ 带来的温室效应，但绝缘性能并不理想，并需配合设备改进进行适用，经济成本相对增加；全氟烃类绝缘气体虽然具有强绝缘性能，但其环保特性较差；新型合成绝缘气体则具有成本适中、绝缘性能强、符合环保要求及利于商业推广应用的特性。具体见表 6-8。

表 6-8　SF_6 环保替代气体技术经济性

序号	环保替代气体技术	代表性气体	经济性
1	SF_6 混合绝缘气体	SF_6-N_2、SF_6-CO_2、SF_6-CF_4	成本低 *绝缘能力一般，设备体积较大
2	天然工质绝缘气体	干燥洁净空气（CDA）、N_2、CO_2、O_2 及混合物	成本低 *绝缘能力较弱，设备体积较大
3	全氟烃类绝缘气体	PFCs（CF_4、C_2F_6、C_3F_8、C_4F_8）	成本适中 *绝缘能力强，GWP 值较高，相比 SF_6，环保优势不明显
4	新型合成绝缘气体	氢氟烯烃（HFOs，HFO-1234ze、HFO-1234yf、HFO-1336mzz） 含氟酮类（FKs，全氟戊酮、全氟己酮） 含氟腈类（FNs，七氟异丁腈） 三氟碘甲烷（CF_3I）	成本适中 *纯气体较贵，但可与天然工质气体进行混合使用，成本大幅下降，具备大规模商用潜力

最具替代前景的新型合成绝缘气体，目前已具备工业化生产水平，但部分更具潜力的新型气体，在国内仍处于吨级生产阶段。相对于精细结构而言，其产能适中，若需匹配国内电网下游开发应用、挂网测试或全网替换，则产能仍是杯水车薪。国外同类产品虽有一定产能，但对国内限量供应（百公斤级 / 年），仍不能满足国内研发所需，详见表 6-9。

表 6-9　新型合成绝缘气体技术经济性评价

序号	名称	技术评述	经济性评价	应用前景
1	HFO-1234ze	成熟生产技术，国内处于产业化阶段	稳定供应，价格适中	环保性能好，绝缘能力稍弱于 SF_6，多用于制冷
2	HFO-1234yf	成熟生产技术，国内外产业化均已完成	稳定供应，价格适中	环保性能好，绝缘能力稍弱于 SF_6，多用于制冷，也可用于灭火领域
3	HFO-1336mzz	成熟生产技术，国内已完成规模化技术开发，国外已完成产业化	稳定供应，价格适中	环保性能好，绝缘能力稍弱于 SF_6，用于发泡和制冷

续表

序号	名称	技术评述	经济性评价	应用前景
4	全氟戊酮	国内已完成小试技术开发，具备自主知识产权，国外已完成产业化	价格较高，后期若开展中试等规模化技术开发，并在下游应用中与天然工质气体混合使用，价格处于可接受水平	环保性能好，绝缘能力强，由于其沸点较高，使用场景受限，国外用于绝缘及灭火领域
5	全氟己酮	生产技术成熟，国内外产业化均已完成	稳定供应，价格适中	环保性能好，绝缘能力强，由于其沸点较高，使用场景受限，国外用于绝缘及灭火领域
6	七氟异丁腈	国内已完成吨级规模化制备技术开发，国外已完成产业化	价格较高，后期若开展中试等规模化技术开发，并在下游应用中与天然工质气体混合使用，价格处于可接受水平	环保性能较好，绝缘能力强，国外已有商用案例，国内处于应用研究末期，已有样机
7	三氟碘甲烷	国内已完成小试技术开发，国外已完成产业化	价格较高，后期若开展中试等规模化技术开发，并在下游应用中与天然工质气体混合使用，价格处于可接受水平	环保性能好，绝缘能力较强，国外已有大量应用研究成果，国内处于评估阶段

3）安全和环境影响

从物质本身看，四种环保替代气体均具有相对的安全性。除新型合成绝缘气体中的 CF_3I 外，其余物质的毒性尚在可接受的范围或处于无毒状态。

SF_6 混合绝缘气体中，SF_6 本身的 GWP 值过高，哪怕降至 10% 含量，仍然比大部分新型合成绝缘气体高。全氟烃类物质与 SF_6 类似，若大规模排放会有较为严重的温室效应问题。新型合成绝缘气体由于其分子结构的优势，在大气中降解速度快，但需要注意工程应用过程中急性毒性的防护及排放后对水生环境的影响。

3. 技术发展预测和应用潜力

从技术发展现状来看，SF_6 混合绝缘气体替代技术相对成熟，但因具有高 GWP 值，绝缘能力较弱且使用压力较高，需要对其混合配比进一步细化探索，优化组分含量；天然工质绝缘气体替代技术虽然来源广泛，成本较低，但绝缘能力较弱，使用压力较高，应在中低压方面进行使用探索；全氟烃类绝缘气体替代技术虽然绝缘能力很强，但 GWP 值过高，应与天然工质绝缘气体混合使用，降低 GWP 值，或作为新型绝缘气体的小剂量添加组分发挥协同作用，进一步提高绝缘能力；新型合成绝缘气体替代技术现阶段成本较高，但绝缘能力强，环保性能好，代表着 SF_6 环保替代气体技术未来的方向，能取得较好的绝缘性能与环保性能之间的平衡。但目前主流的新型合成绝缘气体生产规模太小，一方面导致气体价格过高，另一方面也不利于大规模工程化应用研究，后期应提高产能，匹配下游研究及挂网测试的规模需求，继续保持我国在超高压、特高压领域的领先优势。

SF_6 使用量大，随着电力工业的迅猛发展，全球约 80% 的 SF_6 用于电力行业，年增量超过 1 万 t（2020 年为 1.88 万 t）。从评估结果分析，SF_6 环保替代气体技术具有巨大减排潜力：预计 2025 年、2030 年、2035 年、2050 年和 2060 年分别减排 0.004 7 亿 t CO_2-eq、0.018 8 亿 t CO_2-eq、0.056 4 亿 t CO_2-eq、0.150 4 亿 t CO_2-eq 和 0.103 4 亿 t CO_2-eq。

6.2.4 全氟化碳环保替代技术

1. 技术介绍

在全球电子气体市场上，含氟电子气体占 30% 左右，主要用作清洗剂和蚀刻剂。目前使用较为广泛的含氟电子气体主要有 CF_4、C_2F_6、C_3F_8、$C-C_4F_8$、SF_6、NF_3 等[128]。大部分传统的含氟电子气体工业品，其合成大多采用传统的化工工艺或是氟化工产品的副产联产物；但传统的含氟电子气体具有较高

GWP 值（见表 6-10），对减缓全球变暖造成了阻碍，我们需要寻找或开发零 ODP 和低 GWP 值的绿色环保型含氟电子气体[129]，如 CH_3F、C_4F_6、C_5F_8、CF_2O、ClF_3、F_2 等，以逐步替代传统的高 GWP 值的含氟电子气体。

表 6-10　传统含氟电子气体及部分替代气体 GWP 值对比表

	产品	分子式	GWP 值	大气寿命	用途	替代气体
传统含氟电子气体	四氟甲烷	CF_4	<16 500	50 000 年		
	六氟乙烷	C_2F_6	9 200	10 000 年		
	八氟丙烷	C_3F_8	7 000	2 600 年		
	八氟环丁烷	C_4F_8	8 700	3 200 年		
	三氟甲烷	CHF_3	11 700	264 年		
	三氟化氮	NF_3	10 970	740 年		
	六氟化硫	SF_6	23 900	3 200 年		
部分替代电子气体	一氟甲烷	CH_3F	92	2.4 年	蚀刻剂	PFC-14
	六氟丁二烯	C_4F_6	290	1.9 天	蚀刻剂	PFC-14、PFC-116、PFC-c318、NF_3
	八氟环戊烯	C_5F_8	2	31 天	蚀刻剂	PFC-c-C_4F_8、PFC-14、PFC-116
	碳酰氟	CF_2O	≈1	0	清洗剂、蚀刻剂	NF_3、PFC-116、SF_6
	三氟化氯	ClF_3	0	0	清洗剂	PFC-14、PFC-116
	氟气	F_2	0	0	清洗剂	PFC-116，NF_3

以 C_4F_6 为例，它作为新一代蚀刻气体，具有足够的竞争优势。相较传统含氟蚀刻气体而言，它具有较高的蚀刻速率以及较高的蚀刻选择比，可以扩大蚀刻的工艺窗口，提高蚀刻的工艺稳定性；加之其温室效应系数低，GWP 值远低于传统蚀刻气体，具有较好的减排效果，能够满足环保要求。

C_4F_6 在等离子体介质蚀刻中表现出的高选择性和深宽比，与其在蚀刻中裂解生成的分子碎片密切相关[130]。在等离子体区，C_4F_6 分解为多种活性游离基、亚稳态粒子和原子，大量生成的活性含氟原子与硅材料表面的 Si 原子反应生成挥发性 SiF_4 气体，再经真空系统排出。此外，在蚀刻气系统，活性游离基的密度低于其他全氟蚀刻气系统，且以蚀刻活性较低的 CF 为主，可实现近乎垂直的时刻加工，并具有优异的各向异性。

2. 技术成熟度和经济可行性

1）技术成熟度和经济可行性

含氟电子气体具有特殊的质量要求，其研发生产技术主要包括气体合成技术、纯化技术、分析检测、包装等技术[129]。由于产品自身特点、技术和投资等诸多方面的原因，国内外 PFCs 环保替代技术整体处于中试阶段，预计 4~8 年完全成熟。

国内含氟电子气体产品在性能与生产规模方面与国外有一定的差距。早期由于国内半导体厂商基本是外资独资或合资，技术和装备都是直接引进，基本不考虑对国内相关材料配套产业的带动，导致国内电子气体长期处于发展滞后阶段，甚至被"卡脖子"[129]。伴随着半导体产业在中国的迅猛发展，电子气体行业有了较大发展，从事含氟电子气体产品研发与生产的企业也越来越多。但是国产含氟电子气体难以得到下游应用企业的认可，除 CF_4、SF_6 和 NF_3 外，几乎没有或仅有少量国产化的含氟电子气体产品在市场上销售。如今，国内半导体行业所用的含氟电子气体 90% 以上是由外国独资或合资企业提供，美国空气化工产品、法国液空集团、德国林德等气体行业的巨头在国内都建立了多家合资公司，国内的含氟电子气体生产企业难以与这些寡头公司相抗衡。

在含氟电子气体替代方面，近年来，随着国家对"卡脖子"技术的重视和国内企业对电子气体进口替代的推进，国内相关研究单位和企业也纷纷投入低 GWP 值刻蚀/清洗气体的开发，一些品种已经突破了技术限制，并实现了商业化应用，具体见表 6-11。

表 6-11　部分含氟电子气体替代气体

产品	分子式	开发阶段	主要用途
一氟甲烷	CH_3F	产业化	蚀刻
六氟丁二烯	C_4F_6	中试	蚀刻
八氟环戊烯	C_5F_8	实验室小试	蚀刻
碳酰氟	CF_2O	产业化试生产	清洗
三氟化氯	ClF_3	产业化	清洗

2）安全和环境影响

含氟电子气体的生产均涉及危化品，包括无水氟化氢、液氮、氟气、氢气等，也多涉及高温反应和深冷精馏。其生产运营既需要通过技术升级、优化设计提升装置本质安全水平，也需要加强 HSE 责任体系和制度体系建设，落实过程管控，强化风险分析和识别，抓好开停车和检维修等关键环节，有效降低潜在风险。

新一代含氟电子气体不仅满足先进制程工艺的要求，而且有非常好的环保性能：ODP 为零、GWP 值低、效率高、性能好、后处理简单。作为新一代气候友好型的含氟电子气体，目前尚处在实验室及小规模产业化阶段，随着产业化应用的进行，其环境效益和社会效益会越来越显著。

3. 技术发展预测和应用潜力

中国是全球最大的电子消费市场，同时也是全球最大的半导体市场。目前中国半导体的需求为全球第一，大约占 40%～50%，且还在持续增长。作为集成电路产业关键材料的含氟电子气体发展前景广阔，国产化也是大势所趋。新一代含氟电子气体将主要朝以下几个方向发展：①环境友好，GWP 值低甚至为零；②清洗或蚀刻效率高、性能好；③纯度高；④后处理简单。C_4F_6 等含氟烯烃作为下一代蚀刻气体，不仅 GWP 值低，而且 C/F 较高，具有蚀刻选择性好、精度高等优点，目前主要应用于内金属介电层的蚀刻与 3D-NAND 的制造等过程，成为最有可能代替传统含氟蚀刻气体的候选物之一，具有极大的应用价值，备受国内外的关注。

从技术应用及减排潜力评估来看，随着该技术不断成熟，PFCs 环保替代技术将体现出巨大减排潜力：预计 2025 年减排 0.5 万 t CO_2-eq、2030 年减排 1 万 t CO_2-eq、2035 年减排 5 万 t CO_2-eq、2050 年减排 2 000 万 t CO_2-eq、2060 年减排 0.25 亿 t CO_2-eq。

6.3　过程控制典型关键技术

过程控制技术即工艺流程再造，是通过采用全新处理工艺，对气体进行回收与净化处理，以减少碳排放或碳泄漏的技术。SF_6 气体回收循环利用技术是国内过程控制技术中比较成熟的减排技术之一，该技术已经在 SF_6 气体绝缘开关的生产制造、现场安装和运维检修等不同阶段得到应用，具有较大的经济效益和环境效益。本部分以 SF_6 气体回收循环利用技术为例展开说明。

1. 技术介绍

根据《电气设备用六氟化硫气体回收、再生及再利用技术规范》，SF_6 气体回收循环利用技术是通过专用装置对 SF_6 气体进行抽取，并将其中的分解物、水分、空气、固体颗粒物和其他杂质采用物理、化学方法除去的技术。

SF_6 气体因其优异的性能在断路器、气体绝缘开关设备（GIS）、气体绝缘输电线路（GIL）、变压器和互感器等电力设备中被大量使用，使用量占总量的 90% 以上。电力设备采用 SF_6 气体作为绝缘和灭弧介质，可达到较高的绝缘强度，实现电力系统短路电流的成功开断，确保电网安全运行。但当设备产生电弧或局部发生异常放电情况时，SF_6 会在高温高压条件下与内部水蒸气等发生反应，分解出有毒物质，并对设备内部金属元件发生腐蚀作用，因此 SF_6 气体的回收循环利用尤为重要[131]。

SF_6 气体回收循环利用系统由回收回充设备及净化处理设备等组部件构成。其中，回收回充设备采用冷凝加热模块，回充速度达到 150 kg/h；净化处理模块采用多级吸附、精馏或深冷分离，实现 SF_6 与其他杂质组分的分离，净化处理后的 SF_6 气体完全符合 GB/T 12022《工业六氟化硫》对 SF_6 新气体的规定要求，能满足设备运行需求[132]，同时大幅减少电力设备用 SF_6 气体的排放，降低对环境的影响。

2. 技术成熟度与经济可行性

1）技术成熟度

从技术发展现状看，SF_6 气体回收循环利用技术成熟并已推广应用多年。国内外现有的 SF_6 气体回收及净化处理系统能够确保废气经过处理后达到新气标准，并实现处理过程的零排放。截至目前，国家电网和南方电网两大电网公司共建成了 31 个省级 SF_6 气体回收处理中心（如图 6-5），构建了电网公司的 SF_6 气体信息化和数字化管理平台，全过程监控 SF_6 气体的采购、使用、回收和净化后气体再利用的流转情况。自 2009 年至 2020 年，国家电网利用该回收利用技术累计回收 SF_6 气体 843.8 t，相当于减排 CO_2 2 016.7 万 t，回收率高达 96.73%；并研发了具有自主知识产权的 SF_6 气体回收、净化处理装置，相关研究成果被列入 2015 年国家重点推广的低碳技术目录，回收装置被广泛应用于交通、冶金等行业，并同步出口至 36 个国家。

图 6-5　典型的 SF_6 气体回收处理中心

2）经济可行性

在技术经济性方面，SF_6 气体回收循环利用技术的成本主要来源于设备装置和气体运输、人工等，成本构成估算见表 6-12。循环再利用气体的成本约为 20 元 /kg，与新气体采购价格 50～60 元 /kg 相比，具有显著的技术经济性。

表6-12　SF₆气体回收循环利用技术的成本估算

成本来源	成本估算（元/kg）
气体回收电能使用成本	0.1
气体净化电能使用成本	0.8
装置与气体运输成本	10
易耗品成本	0.5
人工成本	10
小计	21.4

3）安全和环境影响

SF_6气体回收循环利用技术的核心是回收和净化处理使用过的SF_6气体及其精制提纯，确保使用过的气体被回收和处理后与新气体指标一致。该项技术安全性较高。同时，该项技术能减少SF_6气体排放对大气环境的影响，降低被回收设备SF_6气体的残压，去除SF_6混合气体现场分离后排放的N_2或空气等天然气体中的SF_6相关成分，实现真正的SF_6净零排放。此外，该技术对放电SF_6气体分解产物进行吸附、中和，避免有毒有害气体的排放，对保护环境、维持生态平衡具有重要意义。

3. 技术发展预测和应用潜力

若电力行业采用SF_6气体回收循环利用技术，按照每年5%气体用量被回收循环使用计算，那么避免排放的温室气体至2030年累计可达228 Mt CO_2-eq，2060年累计达825 Mt CO_2-eq。

若铁路行业采用SF_6气体回收循环利用技术，按照每年5%气体用量被回收循环使用计算，那么避免排放的温室气体至2030年累计可达11 Mt CO_2-eq，2060年累计达44 Mt CO_2-eq。

若石油行业采用SF_6气体回收循环利用技术，按照每年5%气体用量被回收循环使用计算，那么避免排放的温室气体至2030年累计可达9 Mt CO_2-eq，2060年累计达35 Mt CO_2-eq。

若冶金行业采用 SF_6 气体回收循环利用技术，按照每年 50% 以上气体用量被回收循环使用计算，那么避免排放的温室气体至 2030 年累计可达 22 Mt CO_2-eq，2060 年累计达 88 Mt CO_2-eq。

6.4　末端处置典型关键技术

含氟气体末端处置技术是针对产品报废、回收、维修过程中所产生的含氟气体的收集和销毁技术，对削减含氟气体温室效应具有重要作用。含氟气体末端处置技术主要包括含氟气体低能耗消解技术和含氟气体捕集浓缩技术两大类。

6.4.1　含氟气体低能耗消解技术

含氟气体低能耗消解技术包括 PFCs 低能耗消解技术、SF_6 无害化处理技术和含氟制冷剂低能耗消解技术。

6.4.1.1　全氟化碳低能耗消解技术

1. 技术介绍

PFCs 低能耗消解技术，是将电解铝工业、半导体工业等产生的 PFCs 进行分离和提纯后，采用各种化学手段，分解、消除 PFCs，实现无害化、资源化的技术。

PFCs 主要来源于电解铝工业和半导体工业，是烷烃中的氢被氟取代后的一种化合物，如含氟化合物中的 CF_4、C_2F_6、C_3F_8、C_4F_8、C_5F_{10} 等，是《京都议定书》中规定控制的重要温室气体。

PFCs 低能耗消解技术主要包括 PFCs 分离提纯技术与分解消解技术，如图 6-6 所示。

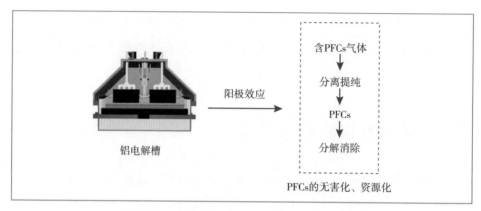

图 6-6　电解铝工业 PFCs 消解技术示意图

1）全氟化碳分离提纯技术

PFCs 的分离提纯技术有变压吸附技术、低温压缩 / 蒸馏技术和膜分离技术。

变压吸附技术目前尚不成熟。低温压缩 / 蒸馏技术针对沸点高于 40℃、浓度高于 5 000 ppm 的有机气体 / 蒸汽更有效，而低沸点的有机物则需要用液氮（-196℃）进行额外的冷却。膜分离技术是比较成熟的技术，是利用特殊薄膜对液体中不同粒径的混合物进行选择性分离的技术。根据孔径大小，膜可分为微滤膜（MF）、超滤膜（UF）、纳滤膜（NF）、反渗透膜（RO）等。以半透膜气体分离装置为例，该技术选用聚酰亚胺半透膜进行分离和提纯。该膜对阳极气体具有选择性，CO_2、CO、空气可以渗透（分离系数高），而 PFCs 难以渗透（分离系数低），从而实现 PFCs 的分离和提纯，如图 6-7 所示。

2）全氟化碳分解消解技术

目前，PFCs 分解消解技术有燃烧法、等离子分解法、热反应 / 化学分解法和金属及金属氧化物反应法等。

燃烧法是目前发展较好，工艺成熟的一项技术，是使燃料和空气混合燃烧，利用高达 1200℃ 的高温和高温产生的自由基，将非极性 PFCs 分子转化为低分子量且亲水性的极性化合物，再将处理后的气体通过洗涤塔，利用水

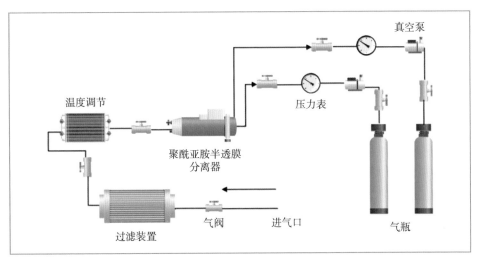

图 6-7　半透膜气体分离装置图

洗、吸附等方法去除氟化气体组分。该工艺简单易行，对 C_2F_6 分解效果较好，但是对 CF_4 的分解效果不明显，且反应过程中会产生大量的废水和 NO_x，不利于环保。

热反应 / 化学分解法对 PFCs 的分解效率很高，但需要经常更换催化剂，存在不能处理大流量全氟化合物气体的问题。

等离子分解法和金属及金属氧化物反应法相较传统消解工艺而言，具有较高脱除效率和能量利用率，因而是比较有前景的低能耗消解技术。等离子分解法根据等离子发生形式不同，可以分为感应耦合等离子法、微波等离子法和介质阻挡等离子法等几种形式（如图 6-8）。三种方法各有优劣。介质阻挡等离子法是在电极间设置电介质层，通过外加强电场在介质层表面形成均匀的放电。该方法通过改变电极与介质层的相对位置、改变介质层材料、改进 DBD 工艺，提高 PFCs 的去除率，提高能量利用效率。感应耦合等离子法通过调节射频能量产生高频交变电磁场，促使气体激发电离形成等离子体。该等离子体属于无电极放电类型，形成的等离子体密度比较均匀。微波等离子法通过微波在谐振腔中形成驻波共振，形成高频电测长，激发工作气体形成等离子体。不同等离子体反应器对设备的保护程度不同。

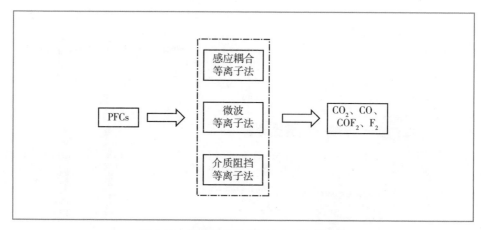

图 6-8　等离子法处理 PFCs 的示意图

金属及金属氧化物反应法处理 PFCs 不会产生其他温室气体，而且，如使用液态铝作为反应金属，生成的 AlF_3 和 C 可以作为铝电解槽的原料。

2. 技术成熟度和经济可行性

1) 技术成熟度

PFCs 低能耗消解技术在我国处于工业示范阶段，未得到推广应用；国外已有企业运用燃烧法和等离子法消解 PFCs 物质：法国液化气体、美国杜邦和日本昭和等企业都已开发了用于将 PFCs 气体分离和提纯的技术，其中膜分离技术是相对比较成熟的技术[133]。我国是世界第一铝生产大国，电解铝产量占世界总产量的一半以上，铝电解 PFCs 的低能耗消解技术在我国有广阔的应用前景。

2) 经济可行性

目前关于 PFCs 低能耗消解相关技术研究现状及相关技术经济性见表6-13。

表 6-13　PFCs 低能耗消解相关技术研究现状及相关技术经济性

序号	采用技术	研究／应用机构	技术应用阶段	技术经济性
1	燃烧法	摩托罗拉公司	处理效率不高或会重新产生有毒气体，没有被广泛应用	成本较低
2	感应耦合等离子法	麻省理工学院；ASTeX、摩托罗拉、PTL 公司	已实现工业应用，适合处理较高浓度的 PFCs 烟气／尾气	成本较高
3	微波等离子法	Rf 环境系统有限公司；得克萨斯农工大学	处于实验室研究阶段，产生了有毒气体和温室气体，后续气体的处理有待进一步的研究	成本较高
4	热反应／化学分解法（Al_2O_3、ZrO_2、TiO_2、SiO_2 作为催化剂）	日立公司	已申请专利；产生的 HF 会使催化剂失效	成本适中
5	热反应／化学分解法（碱金属卤化物／CaO/Si 作为催化剂）	韩国浦项科技大学	处于实验室研究阶段；不能处理大流量的 PFCs 气体，固体碱金属会不断积累而影响气体的分解效率，催化剂会对设备产生腐蚀	成本适中
6	金属及金属氧化物反应法（与金属 Na 反应；与 Al_2O_3 反应）	英国布里斯托大学	处于实验室研究阶段；分解效率较低	成本较高
7	金属反应法（与金属 Al 反应）	中国东北大学	处于实验室研究阶段；生成的 AlF_3 和 C 可用于铝电解电解质和阴极材料，具有发展前景。	成本适中

3）安全和环境影响

电解铝工业和半导体工业是支撑国民经济发展的重要产业，其产量大，碳氟化物排放量也大。PFCs 的低能耗消解技术安全稳定、无风险，具备良好的技术安全性；不会产生"三废"且不会耗水，因此具有良好的社会环境效益。

3. 技术发展预测和应用潜力

PFCs 低能耗消解技术是目前 PFCs 控制技术领域的一个研究热点。从技术发展现状来看，燃烧法分解效率不高且在反应过程中会生成有毒气体等，需要配合使用 O_2 或者 N_2 燃烧设备使用，总体能耗较大，未得到广泛应用。等离子法能耗低，分解效果好，其中微波等离子法分解效率可以达到 99.9% 以上，但是会产生有毒气体和温室气体，如 HF、CO、CO_2、COF_2 和 F_2 等，需要对其进一步研究再生气体的处理问题。热反应／化学分解法是利用催化剂分解 PFCs 的一种方法，分解效率能达到 99%，但产生的 HF 会使催化剂失效，该技术应用较少。金属及金属氧化物反应法虽然分解效率较低，但具有反应条件温和、无毒害物质产生的特点，且生成的 AlF_3 和 C 可再次利用，具有较好发展前景。综上，等离子分解法和金属及金属氧化物反应法两种技术更具发展潜力，前者效率高，后者反应条件温和，安全可靠。

从技术减排潜力分析，PFCs 低能耗消解技术减排潜力巨大，呈逐年增长趋势，预计 2025 年至 2060 年减排量如下：2025 年为 0.2 亿 t CO_2-eq，2030 年为 0.3 亿 t CO_2-eq，2035 年为 0.6 亿 t CO_2-eq，2050 年为 0.9 亿 t CO_2-eq，2060 年为 1.0 亿 t CO_2-eq。

6.4.1.2　六氟化硫无害化处理技术

1. 技术介绍

SF_6 无害化处理技术是将电力设备检维修过程中、因设备产生缺陷和发生故障发生外泄时或在用作镁铝冶炼防氧剂过程中产生的 SF_6 进行无害化处理的技术。

SF_6 无害化处理方式除纯化回收外，还可通过高温煅烧、催化水解／裂解、有机化学反应、介质阻挡放电降解、光降解五种途径对 SF_6 进行无害化处理。

高温煅烧法是处理 SF_6 的传统方法，对煅烧温度要求较为苛刻，需要温度达到 1500℃ 以上才能得到较高的 SF_6 转化率，能耗非常高。催化水解法是 SF_6 借助催化剂，在水中与水反应分解生成 SO_3 和 HF，SO_3 和 HF 遇水再分别生成硫酸和氢氟酸的方法，该方法对反应器有强烈的腐蚀作用，操作流程复杂且不安全。催化裂解法是无水条件下，SF_6 在脱氟剂作用下发生裂解反应，产物硫蒸汽经水冷、过滤、干燥回收硫磺的方法。有机化学反应法是利用 SF_6 为原料，与其他有机化合物反应，对其中的氟原子加以利用的一个方法。目前已用作研究的有机化合物反应原料有金属磷化物、墨菲供电子试剂、TEMPO 锂盐、氮杂环卡宾、富电子酚盐阴离子 / 质子化磷腈对、亲核超碱性膦配合物、铝配合物等。光降解法是将 SF_6 加入光反应器中，在苯乙烯存在下，经过紫外光发生光化学反应，生成 HF 和 SF_4 等产物。介质阻挡放电降解法因装置简单，耗能低，处理废气效率高等优点被广泛应用于废气处理[134]。国内外对该方法诸多影响因素进行了研究，如不同填充材料、环境介质、电源电压，放电时间，SF_6 初始压力等，它降解后尾气内的 SF_6 浓度在 10 ppm 以下。

2. 技术成熟度和经济可行性

1）技术成熟度和经济可行性

SF_6 无害化处理技术整体处于基础研究和中试阶段，预计在未来 10～20 年达到技术成熟并推广运用。电网设备中的高浓度 SF_6 气体目前主要的利用手段仍是回收；低浓度的 SF_6 气体经过收集后集中进行处理，但除常规的高温煅烧法外，其他技术手段均处于研究阶段，多见于文献报道和专利披露，未见实际工业化应用。

根据文献和专利的信息，SF_6 无害化处理相关技术经济性见表 6-14。

表 6-14　SF_6 无害化处理相关技术经济性

序号	无害化技术	经济性
1	高温煅烧法	成本较低
2	催化水解 / 裂解	成本较高
3	有机化学反应	成本高
4	介质阻挡放电降解	成本适中
5	光降解	成本较高

2）安全和环境影响

SF_6本身毒性较小，常温下成惰性，对人体无害；但其分解和降解产物中，有HF、SF_4等强腐蚀性和强毒性气体，具有一定的危险性，需要在降解处理中注意人员防护。同时，降解后的尾气仍需集中处理，若直接排放会有污染风险。

3. 技术发展预测和应用潜力

从技术发展现状来看，高温煅烧法处理SF_6废气技术因工艺流程简单易行较为成熟，适合大规模集中处理SF_6场景，但因其煅烧温度要求严苛、资源利用率低，工业应用较少。催化水解／裂解法虽然废弃处理效率高，但需要配合高效水解催化剂，同时需考虑对降解衍生物进行安全环保处理，技术成本较高，有待进一步研究；光降解法虽技术成本较低，但反应物具有强腐蚀性，需进一步提高光能利用率，解决副产物腐蚀性的问题；有机化学反应法将SF_6以氟化试剂等形式进行了资源化利用，能最大限度提高其经济价值，具有较好应用前景。介质阻挡放电降解法基于它的放电等离子体降解在搭配填充介质材料后，能够有效地提高SF_6废气处理的速率和能效，同时能够抑制毒害产物的生成，具有很好的应用推广前景。

从减排重要性分析，若应用SF_6无害化处理技术，该技术到2060年的减排贡献将达到5%；从减排潜力分析，如不妥善处理SF_6，到2050年需减排2.1亿 t CO_2-eq。

6.4.1.3 含氟制冷剂低能耗消解技术

1. 技术介绍

目前含氟制冷剂主要包括HCFCs和HFCs两大类，其中HFCs属于《京都议定书》确定的六大类温室气体之一，《基加利修正案》也提出了全球HFCs的控制目标。因此本单项技术主要针对HFCs制冷剂的消解技术进行讨论。

当前HFCs制冷剂消解技术主要有两类，一类是焚烧或高温氧化技术。焚烧处理工艺一般以天然气、煤气作燃料，火焰中心最高温度为 1800~2030℃，由于温度相对较低，其分解效率不高且可能产生二噁英等二次污染物。另一类是等离子体消解技术。等离子体消解技术是以空气与 Ar 或 N_2 的混合物作为载热气体，利用交流、直流、工频和高频等方法，在电极间瞬间产生高温等离子炬或等离子束，中心温度可达到 3000~8000℃，使废弃物在能量密集的等离子炉内迅速分解，从而实现无害化处理的技术。等离子体消解技术根据不同工作介质可以分为氩等离子体、氮等离子体、射频电感耦合等离子体和微波等离子体。以 HFC-23 氮等离子体焚烧技术为例，典型的等离子体含氟制冷剂消解的工艺流程如图 6-9 所示。

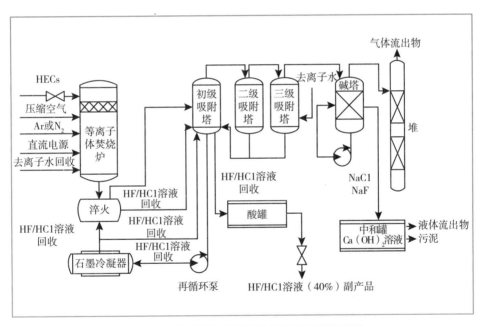

图 6-9　等离子体含氟制冷剂消解工艺流程图

根据图 6-9 所示，含氟制冷剂通过专门设计的喷嘴进入等离子炉，并立即与等离子气体混合。等离子焚烧炉由等离子发生器、喷嘴、等离子弧区和燃烧区组成。Ar 或 N_2 等等离子工作气体，经过等离子发生器产生等离子气体。等离子体发生器夹套通去离子的循环水冷却，以避免等离子发生器因高温造成损坏。含氟制冷剂进入焚烧炉后在注入区迅速热解，热气体在极短的时间内通过等离子区进一步热解。之后气体进入燃烧区。燃烧区引入一定量的空气，以确保将热解过程中产生的所有碳都转化为气体，也可以通入一定的水蒸气，减少 CO 的产生。从等离子炉底部出来的高温气体混合物通常含有 CO、CO_2、卤化氢气体（HCl 和 HF）、N_2 和水蒸气，马上进入激冷塔，与直接喷射的激冷介质混合，使其等离子体技术可以突破反应热力学平衡限制，实现常规条件下难于实现的化学反应，因此它被认为是一种新型的废弃物无害化处理技术。与焚烧处理法相比，等离子体消解技术具有处理效率高、无二次污染、工艺简单、系统安全可靠、设备投资少、运行成本低等优点。

2. 技术成熟度和经济可行性

1）技术成熟度

现阶段，含氟制冷剂低能耗消解技术在国际社会已经成熟并被推广应用；在国内尚处于工业示范阶段。高温焚烧技术相对成熟，但降解能耗较高，在替代初期能够发挥较大作用；等离子体消解技术在能耗和综合处理成本方面具有较强优势（见表 6-15），是今后含氟制冷剂低能耗消解技术的重点发展方向。

表6-15　HFC-23 消解成本比较表

处理方法	能耗 [（kW·h）/kg]	综合处理成本（万元/t）
热氧化法	13 ~ 17	2.1
氮等离子体法	7 ~ 10	1.2

注：比较基准为 2 000 t/a HFC-23 消解装置。

高温分解技术以 HFC-23 为例进行说明，国内 HFC-23 的主流处置工艺是燃料热分解技术，共有 17 套装置；水蒸气分解法和等离子处置法各有 3 套装置。我国主要的 11 家 HCFC-22 生产企业大多分布在山东、浙江、江苏和四川，其中东岳、巨化和梅兰是最大生产企业，具体情况如表 6-16 所示。由表可知，2016 年 11 家氟化工生产企业的 HCFC-22 产量约 55.783 万 t，HFC-23 的平均副产率约为 2.42%，HFC-23 产量达到 13 494.84 t，焚烧入炉量达到 13 350.74 t，焚烧率高达 98.93%。

表 6-16　中国 2016 年 HCFC-22 产量、HFC-23 副产量及焚烧处理情况一览表

省份	HCFC-22 生产企业	HCFC-22 产（万 t）	HFC-23 副产率（%）	HFC-23 产量（t）	HFC-23 焚烧入炉量（t）	焚烧率（%）
江苏	阿科玛	3.468	2.02	701.05	701.05	100.00
	常熟三爱富	3.968	2.89	1 140.06	1 139.44	99.95
	江苏梅兰	7.203	2.93	2 107.70	2 107.33	99.98
浙江	浙江衢化	9.430	2.82	2 659.18	3 023.52	113.70
	临海利民	1.730	2.00	345.65	346.02	100.00
	浙江三美	1.433	2.11	302.55	39.82	13.16
	金华永和	1.934	2.08	402.22	398.11	98.98
	兰溪巨化	2.002	3.03	607.48	521.35	85.82
	浙江鹏友	0.864	2.42	208.77	207.90	99.58
山东	山东东岳	19.804	2.04	3 973.98	3 833.71	96.47
四川	中昊晨光	3.947	2.64	1 046.20	1 032.50	98.69
	合计	55.783	2.42	13 494.84	13 350.74	98.93

等离子体焚烧技术在国外已实现推广应用，其中氩等离子弧是一种成熟的技术，在 CFCs（氯氟烃）、HCFCs（氢氯氟烃）和哈龙的消解中已有多年的商业应用经验。根据 TEAP 提供的信息，全球已有 12 家商业运营单位采用该技术用于 ODS（消耗臭氧层物质）和 HFCs 的消解，包括澳大利亚 4 家、日本 4 家、墨西哥 2 家和美国 24 家。美国和墨西哥使用该技术处理 HFC-23，2015 年墨西哥 Quimobásicos 开始利用氩等离子体技术规模化处理 HFC-134a，分解效率达到 99.99%。这也表明氩等离子体技术用于含氟制冷剂的消解处理已经趋于成熟。

氮等离子体消解技术目前已经在日本、中国、欧盟和美国得到应用。国内中昊晨光化工研究院在 2002 年建成了国内第一套 300 t/a 高沸点含氟有机化合物等离子裂解技术工业化试验处理装置；2007 年中昊晨光化工研究院将该技术应用于 HFC-23 的消解并申请注册 CDM 项目成功；2010 年，等离子体处理装置被国家发改委、环境保护部列入《当前国家鼓励发展的环保产业设备（产品）目录（2010 年版）》；2015 年 12 月改建成了 1 300 t/a 的 HFC-23 消解装置，用于对 HCFC-22 副产 HFC-23 的处置。

射频感应耦合等离子体技术和微波等离子体技术尚处于基础研究阶段。一些研究团队将射频感应耦合等离子体技术用于 CF_4、SF_6 和 HFC-23 等含氟温室气体的消解，可以达到较高的分解率，但研究装置的能力较小。此外，有较多关于微波等离子体技术用于 CF_4、C_2F_6、SF_6、HFC-23 等含氟温室气体的消解研究，也都能实现含氟温室气体的高效率分解，但没有关于该技术商业化应用的信息。

2）经济可行性

高温分解技术的处理过程温度高，含有 HF 等腐蚀性气体，其一次性投资成本和运行成本均较高。生产企业出于经济考虑选择该技术的可能性不大。以 HFC-23 焚烧项目为例，其焚烧分解能力为 2 400 t/a，一次性固定资产投入为 4 715 万元（以 2015 年价格计算）。假设维护费用占一次性固定投资的 4%，一般管理费用占一次性固定投资的 3%，另包括原料费、能源费和加工费等费用，HFC-23 焚烧分解的运行成本约为 8 280 元 /t。若按照 2050 年 HFC-23 预测产量 2.47 万 t 考虑，中国应至少设立 10 个该规模焚烧分解装置才能满足 HFC-23 完全处置的需要，则一次性固定成本总投入为 47 150 万元，而运行成本预计为 20 452 万元（以 2016 年价格计算）[135]。

2005—2012 年，中国通过《联合国气候变化框架公约》下的碳排放交易计划，前后共有 25 个 HFC-23 处理项目获得联合国清洁发展机制（CDM）执行委员会批准，减排量相当于 8 260 万 t CO_2，占总排放量的 28%。其中，浙江巨化、上海三爱富、山东东岳及江苏梅兰等 11 个项目通过碳交易补贴，每年的减排量相当于 6 665 万 t CO$_2$，涉及金额达 46 亿元 / 年，合计达到 25 亿欧元。2013 年以后，国外资金不再通过 CDM 项目对 HFC-23 处置进行支持。为继续支持 HFC-23 处置工作，国家发改委也先后发布了实施 HFCs 削减重大示范项目和组织开展 HFCs 处置相关工作的通知，以支持 HFC-23 的焚烧和转化利用，2015—2019 年分年度对处置设施的运行进行退坡补贴，累计处置 5.2 万 t HFC-23，发放财政补贴近 23 亿元，但该补贴政策已于 2019 年年底截止，且 2016 年以后投产的新改扩建企业未纳入运行补贴范围，焚烧处置 HFC-23 的高成本给企业带来了很大的经济压力。

3）安全和环境影响

《蒙特利尔议定书》技术经济评估组（TEAP）对 HFCs 消解技术给出了环境影响指标，只有达到环境排放指标的消解技术，才有可能被推荐成为《蒙特利尔议定书》认可的 HFCs 消解技术，具体的指标及指标值如下表 6-17：

表 6-17　HFCs 消解技术的环境影响指标

性能指标	指标值	单位
PCDDs/PCDFs	≤0.2	ng-ITEQ/Nm^3
HCl/Cl$_2$	≤100	mg/Nm^3
HF	≤5	mg/Nm^3
HBr/Br$_2$	≤5	mg/Nm^3
微粒（TSP）	≤50	mg/Nm^3
CO	≤100	mg/Nm^3

基于上述环境影响指标要求，在技术安全性方面，国内等离子体焚烧技术具有较强技术的安全性，解决了裂解炉及等离子发生器寿命短的技术难题，确保了装置运行的可靠性和稳定性；焚烧时高温的等离子气体在等离子弧区冷却至 1200℃以上，压力保持在 20 mm～40 mm 水的负压，避免等离子炉系统有毒废物外泄，确保等离子体分解性能的安全性；经 UNFCCC 核查，用于 CDM 项目的 HFC-23 的焚烧处理，大气排放符合《危险废物焚烧污染

控制标准》（GB18484-2001）的各项指标要求；废水排放均能达到《污水综合排放标准》（GB8978-1996）中的一级要求；微量氯化物符合《四川省水污染物排放标准》（DB51/190-93）的阈值。但该技术通过高温焚烧处置会产生 HF，对设备具有强腐蚀性，因此该技术对设备的要求较高。

在环境影响方面，由于普遍使用的燃气热分解技术温度超过了 1200℃，如果处置不当，可能产生二噁英等致癌物质，易造成环境污染。此外，主要产物使用过量的水吸收 HF 和 HCl 形成弱酸，再通过 Ca（OH）$_2$ 中和形成 CaF$_2$ 和 CaCl$_2$，用碱液吸收形成的含氟无机物需要进一步处理，"三废"量较大，且容易造成二次污染。

3. 技术发展预测和应用潜力

高温焚烧技术已经成熟，可有效消解 HFC-23，但是能耗巨大、处理成本较高，且容易浪费宝贵的氟资源；加之高温分解技术运行成本巨大和取消补贴的影响，大规模商业化推广应用难度较大，开发可持续的 HFC-23 资源化转化技术替代高温分解技术成为未来的发展趋势。

等离子体焚烧技术具有去除效率高、流程短、操作简便、能耗低、运行综合成本低和"三废"排放少等诸多优点，具有良好的应用前景。随着等离子焚烧技术的不断成熟，等离子发生器技术的进步，装置设计的日益完善和运行控制水平的提升，等离子焚烧设备费用将会进一步降低，运行可靠性和稳定性将进一步提升，等离子技术在含氟制冷剂消解中的应用将会越来越广。

从减排重要性分析，若运用该技术，到 2060 年，其减排贡献将超过 5%；从减排潜力分析，若运用该技术，到 2030 年将减排 0.3 亿 t CO$_2$-eq，2050 年减排 0.2 亿 t CO$_2$-eq，2060 年减排 0.1 亿 t CO$_2$-eq。

6.4.2 含氟气体捕集浓缩技术

1. 技术介绍

含氟气体捕集浓缩技术是实现含氟气体减排的重要末端处置技术，该技术可以实现碳减排的目标，所捕集浓缩的含氟气体也可以进一步提纯 / 转化实现资源化利用，产生经济效益。常见的含氟气体捕集浓缩技术可分为 4 大类：低温冷凝 / 精馏技术、吸附法、膜分离法和溶剂吸收法。

低温冷凝 / 精馏技术是成熟的化工技术，其原理是基于不同物质沸点的差异进行分离。该技术能对沸点高于 40℃、浓度高于 5 000 ppm 的有机气体 / 蒸汽实现有效分离。吸附法是通过吸附剂对目标物的选择性吸附从而实现气体捕集浓缩的目的，常见的吸附技术有变温吸附（TSA）和变压吸附（PSA）[136]。吸附技术的核心在于高效吸附剂的开发，理想的吸附剂应具有优异的吸附容量、吸附选择性、稳定性和可再生性。目前含氟气体捕集浓缩用吸附材料主要有活性炭、分子筛、金属有机框架材料等。膜分离法基于物质在膜材料中渗透性的差别实现对目标物的富集，评价膜材料的主要参数有通量、分离系数、稳定性。依据成膜材料的不同，膜材料可分为有机高分子膜、无机膜、杂化膜等。溶剂吸收法利用液体对气体进行选择性吸收来达到捕获浓缩的目的。为实现对目标物的高效吸收，其溶剂应当对目标分子具有较高的溶解度，并能在较低的温度下实现对目标分子的解吸。

2. 技术成熟度和经济可行性

1）技术成熟度

总体看来，含氟气体捕集浓缩技术国内外发展水平较为一致，均处于中试阶段，预计 5 ~ 8 年达到成熟状态。

上述四类含氟气体捕集浓缩技术中，低温冷凝 / 精馏是较为成熟的化工技术，但其装置建造成本大并且运行能耗高。

吸附和膜分离技术成熟度较低，但因该技术具有建造成本低、能耗低、适用于低浓度组分的特点，是目前主要研究的含氟气体捕集浓缩技术。目前吸附技术主要研究方向为新型高效吸附材料的开发。膜分离技术主要的研究方向则为新型高效膜分离材料的开发。除基础研究之外，吸附和膜分离技术针对含氟气体捕集浓缩亦有工业示范的实例：法国液化空气集团报道了用于 PFCs 气体分离和提纯的膜分离装置；美国 Novapure 公司和比利时 IMEC 公司使用变压吸附技术实现了对含氟气体的捕集。

溶剂吸收技术在含氟气体捕集浓缩领域的应用仍处在基础研究阶段，主要研究方向为新型溶剂体系的开发，离子液体便因其出众的物理化学特性在学术研究中备受关注。

2）经济可行性

含氟气体捕集浓缩技术减碳成本较高（见表 6-18），预计 2025 年为 1 508 元 /t CO_2-eq，仅次于低 GWP 制冷剂替代技术；但随着技术趋于成熟并大规模商业化应用，减碳成本将呈逐年递减趋势，预计 2030 年、2050 年和 2060 年分别为 905 元 /t CO_2-eq、754 元 /t CO_2-eq、302 元 /t CO_2-eq。

表 6-18　相关含氟气体捕集浓缩技术成熟度和经济性对比

技术名称	成熟度	经济性
低温冷凝 / 精馏	高	成本高
吸附法	较低	成本较低
膜分离法	较低	成本较低
溶剂吸收法	低	成本较高

3）安全和环境影响

含氟气体捕集浓缩技术具有较好的技术安全性。低温冷凝 / 精馏技术是成熟的化工技术，可以有效控制过程中的安全风险。吸附、膜分离和溶剂吸收技术的实施条件较为温和，不涉及危险反应和操作，装置规模小，故技术自身的危险性较小。

对环境的影响方面，低温冷凝 / 精馏的过程是高能耗过程，会产生较多的碳排放。溶剂吸收法在实施过程中会产生废液，若得不到适当处理会对环境产生有害影响。相比于低温冷凝 / 精馏和溶剂吸收技术，吸附和膜分离技术的能耗小，"三废"处理负担小，对环境较为友好。

3. 技术发展预测和应用潜力

含氟气体捕集浓缩技术能够针对不同应用场景充分发挥其优势，实现含氟气体减排的目标。在高浓度含氟气体分离领域，我们可使用低温冷凝 / 精馏法进行含氟气体捕集，例如可使用冷凝 / 精馏法对预富集的含氟气体进行分离浓缩。在低浓度含氟气体分离场景下，吸附和膜分离法是最有希望实现工业化应用的技术，可能的应用场景有铝冶炼 PFCs 排放、半导体行业 PFCs 排放、镁冶炼 SF_6 排放等。新型高性能分离材料的开发能够进一步降低吸附和膜分离技术的成本，提高其经济竞争力。溶剂吸收技术应在溶剂吸收性能上加大研发力度，取得突破性进展。

含氟气体捕集浓缩技术的运用对含氟气体控排具有重要意义。从减排重要性分析，该技术若得到应用，它到 2060 年将提供非二氧化碳温室气体减排技术领域超过 10% 的减排贡献率。从减排潜力分析，该技术若得到应用，将带来巨大减排潜力：预计 2025 年减排 10 万 t CO_2-eq、2030 年减排 100 万 t CO_2-eq、2035 年减排 1 500 万 t CO_2-eq、2050 年减排 4 000 万 t CO_2-eq、2060 年减排 5 000 万 t CO_2-eq。

6.5　综合利用典型关键技术

综合利用技术是含氟气体最重要的减排技术。综合利用关键技术包括含氟制冷剂高效再生技术和含氟气体转化利用技术；含氟气体转化利用技术 HFC-23 资源化转化技术、含氟制冷剂消解气体综合利用技术等。

6.5.1　含氟制冷剂高效再生技术

1. 技术介绍

有研究认为，目前制冷剂排放源头主要有四种，分别是制冷设备生产调试产生的废弃制冷剂，制冷设备维修、移装过程排放的制冷剂，制冷电气保费产生的废弃物以及小包装制冷剂使用后的残留量等。制冷剂的大量排放将对生态环境和全球气候造成不利影响。含氟制冷剂高效再生技术是通过回收再生等方式减少制冷剂排放、减缓环境污染的技术。目前，该技术主要包括制冷剂的回收和提纯两个技术方向。

1）含氟制冷剂回收技术

制冷剂回收是通过建立回收端和被回收端两端的压差来实现制冷剂的转移。制冷剂回收技术可以分为冷却法、压缩冷凝法、液态推拉法和复合回收法[137]。

冷却法是使用管道将制冷剂循环接口与回收容器相连接，制冷系统内部的制冷剂部分进入管道和回收容器，利用另外独立的制冷设备冷却回收容器，使回收容器内的气态制冷剂冷却液化，形成压力差，制冷系统内的制冷剂依靠压差不断进入回收容器，最终达到平衡，完成回收。

压缩冷凝法回收制冷剂的原理相当于制冷循环的其中一部分，它利用压缩机抽取制冷剂系统内的制冷剂蒸汽，气态制冷剂经过压缩机后压力升高，在冷凝器处冷却液化，依靠冷凝器前端的高压储存在回收容器内。

液态推拉法是使用管路分别将制冷剂循环接口气态侧和液态侧与回收设备和回收容器连接，回收操作开始时，压缩机运行抽取回收容器内的气态制冷剂并使其增压，高压气态制冷剂会使制冷系统内的液态制冷剂被"推"进回收容器；同时，由于回收容器的气态制冷剂被压缩机抽取，回收容器内的压力会降低，这对制冷系统内的液态制冷剂也有"拉"的作用，促使其进入回收容器。

复合回收法结合了制冷剂液态回收（压缩冷凝法）的较高回收程度和液态回收（液态推拉法）的回收效率高的优点而设计的，增加换向阀和冷凝器可以实现液态回收的气态回收间的灵活转变。当液态回收结束时，关闭制冷系统液态侧的阀门，打开冷凝器管路上的阀门，转变换向阀，使压缩机抽取制冷系统内的高压气态制冷剂压缩冷凝进入回收容器。

这四种方法在回收形态、回收纯度和速度等方面具有较大不同，分别适用于不同回收场景。冷却法和压缩冷凝法均是以气态形式进行回收，优点在于回收制冷剂纯度高、回收彻底；缺点在于回收用时长，速度较慢。其中冷却法由于回收制冷剂仅依靠降温发生相态变化，回收管路两端压差不高，因此主要适用于小容器回收。压缩冷凝法因能耗低，回收速度相较于冷却法要快，主要适用于中容量、大容量制冷剂的回收。液态推拉法是以液态形式进行回收，优点在于回收速度快，回收时间短，回收量大，特别适用于制冷剂充装量大的制冷系统。但这种回收方法结束前，制冷系统内和回收管路中为高压气态制冷剂，故残留的制冷剂较多，另外，由于液态制冷剂直接进入回收容器，其中含有杂质也会很多。复合回收法的优点是回收速度快、效率高，制冷剂回收彻底，适用于制冷剂充注量在 5 kg 以上的大型制冷设备中的制冷剂回收，缺点是现存回收设备中液态与气态回收模式的切换没有依据，由操作人员凭经验掌握，难以保证达到最佳的回收效率与回收率。

2）含氟制冷剂提纯技术

含氟制冷剂提纯技术主要包括简易再生技术和蒸馏再生技术。

（1）简易再生技术

简易再生技术主要通过三个步骤来实现：油分离技术、干燥技术、不凝气消除技术。

油分离技术的主要作用是去除溶解在制冷剂中的压缩机润滑油。制冷剂在运行过程中不可避免会与压缩机润滑油直接接触，二者因具有较好的相容性，因此制冷剂回收过程中会连同润滑油一起回收，导致回收的制冷剂中润滑油含量超出可再生标准。油分离技术的设备是基于两者蒸气密度不同而进行物理分离的油气分离器，常用的分离方法包括重力分离、惯性分离、离心分离及聚结分离。

干燥技术的目的是去除制冷剂中的水分。回收得到的制冷剂中的水分不仅会对制冷剂本身的热力学性质有影响，而且在制冷循环的膨胀阀处会因为温度和压力的骤然降低而冷冻凝结，影响制冷剂循环管道的畅通，因此制冷剂需要进行脱水处理。制冷剂干燥技术一般有普通精馏、萃取精馏、共沸精馏、渗透汽化膜分离和干燥剂脱水等。

不凝气消除技术是去除制冷剂中空气的技术。制冷系统中的不凝气主要指空气，在制冷系统内循环时容易聚集在换热器内部，降低换热效率，增大压缩机功率和功耗。回收的制冷剂一般会被储存在耐高压的容器中，绝大部分制冷剂以液态形式存在，部分制冷剂以气态形式与不凝气存在于回收容器的上方。不凝气的分离方式主要包括两种：一种是在制冷剂储存容器的上方设置放空阀，当容器内的压力超过制冷剂的饱和压力时，打开放空阀排出不凝气；另一种是设置气液分离器实现不凝气与液态制冷剂的分离，具体做法是从气液分离器的底部将液相的制冷剂抽出，实现与不凝气的分离。

（2）蒸馏再生技术

蒸馏再生技术是利用制冷剂和各杂质的沸点不同进行蒸发分离的技术。根据制冷剂组分不同，蒸馏再生技术可以分为简易蒸馏和分馏精制两种技术。

简易蒸馏适用于单组分制冷剂的再生提纯，工艺流程如图 6-10 所示。简易蒸馏的原理是：回收制冷剂受热蒸发后产生的制冷剂蒸气经由过滤器、分油器初步去除颗粒与油分，随后被压缩机加压为高压高温蒸气，于热交换

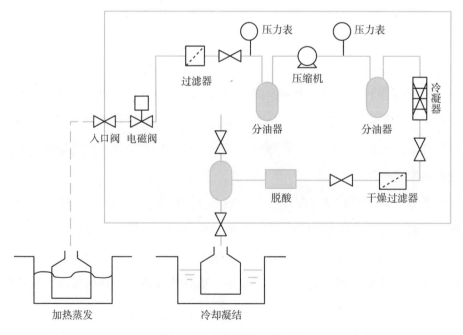

图 6-10　简易蒸馏工艺流程

器处冷凝为液体，最后经过干燥过滤器、脱酸装置和不凝气分离装置流入储液罐。简易蒸馏可以对回收的制冷剂中所含的颗粒、油、酸分、水分进行有效去除，使纯度达到再次利用的要求。简易蒸馏的优点是流程简单、设备成本低、占地少；不足之处在于再生后的品质受回收时制冷剂纯度高低的限制，没有分馏精制的再生纯度高。

分馏精制用于多组分制冷剂的再生。多组分制冷剂混合了多种制冷剂。分馏精制的原理是：回收制冷剂经由过滤器进入分馏塔，在分馏塔内根据不同组分的沸点不同进行分馏，随后通过脱酸、脱水装置，流入贮存容器储存。分馏精制再生的优点在于对颗粒、油、酸分、水分、不凝气、蒸发残留物、氟利昂分解生成物等都有优秀的去除能力，并且能够对不同种类的制冷剂进行分离，其再生品质可达到新品标准；缺点在于分馏塔造价、能耗高，占地面积大，更适用于大量制冷剂处理。

2. 技术成熟度和经济可行性

1）技术成熟度

日本、美国和欧盟等发达国家和地区在制冷剂回收上起步早、政策完善、技术成熟度高、回收量大，现已开展商业化运用。我国在制冷剂管理方面处于起步阶段，制冷剂回收量低，未能建立起包括制冷剂回收、再生和消解等全面管控的管理体系，技术成熟度较低，现处于工业示范阶段，预估 5~10 年技术能够成熟并进行商业化推广应用。在单一技术的运用中，国外发达国家和地区采取再生纯度高的处理方法，能够实现再生制冷剂达到新品标准并再次出售，具有营利性；国内技术水平不高，企业一般采用简易蒸馏再生或焚烧消解的方法对制冷剂进行处理，处置费用较高。

2）经济可行性

各回收再生技术的经济性比较如表 6-19 所示：

表 6-19　回收再生技术经济性对比

序号	采用技术	经济性
1	冷却法回收技术	成本较低
2	压缩冷凝法回收技术	成本适中
3	液态推拉法回收技术	成本适中
4	复合回收法回收技术	成本适中
5	简单再生技术	成本较低
6	蒸馏再生技术	成本适中

3）安全和环境影响

该技术主要以物理手段为主，未涉及化学反应，因此技术安全、对环境影响较小；但操作人员仍需在设备选择上考虑系统耐压、在场地上考虑可燃制冷剂泄漏带来的燃爆风险。

3. 技术发展预测和应用潜力

从国内外制冷剂回收的政策来看，各国对制冷剂回收尤其是对环境有较大影响的制冷剂的回收和管控日益严格。相比较而言，日本的制冷剂回收政策针对不同对象进行分类回收，管理机构和回收措施互相独立，互不干扰。欧盟和美国回收政策则主要通过两方面实施：一方面限制制冷剂的使用和消费，要求在制冷设备使用和维修过程中对制冷剂进行回收；另一方面要求对废弃制冷设备中的残余制冷剂进行回收。中国制冷剂回收起步晚，政策制定和措施的实施均处于初步阶段，制冷剂回收量低，但作为制冷剂消耗大国，制冷剂回收将有较大发展潜力和空间。各国近年来含氟制冷剂的回收量整体呈现逐年增加的趋势，且对环境保护日益重视，因此该技术具有广阔的应用前景。

从减排重要性分析，若运用该技术，至 2060 年，将实现减排贡献率超 10%；从减排潜力进行评估，若运用该技术，将在 2025 年、2030 年、2050 年和 2060 年分别实现 0.2 亿 t CO_2-eq、0.3 亿 t CO_2-eq、0.9 亿 t CO_2-eq 和 1.0 亿 t CO_2-eq 的减排，呈现出较大的应用潜力。

6.5.2　含氟气体转化利用技术

现存制冷设备中，大量 HFC 或者高 GWP 值制冷剂无法满足工质环保特性的要求，且不能通过再生方式运用于新的制冷设备，而将其直接排放或者消解会严重影响气候变化。因此，合理的循环再利用或者转化再利用不仅有助于资源的充分利用，更有助于环境的保护。HFC-23 转化利用技术在国内外已得到推广应用，相较其他含氟气体转化利用技术，它具有较高成熟度，本部分以 HFC-23 转化利用技术为例进行说明。

1. 技术介绍

1）技术定义

HFC-23 排放源相对集中、纯度较高的特点对它实施资源化利用十分有利。HFC-23 转化利用技术将 HFC-23 转化为其他附加值较高的氟化学产品，这样不仅可以实现 HFC-23 的减排，也可以更有效地利用 HFC-23 中的氟资源，是 HFC-23 减排的最佳选择。

近年国内 HFC-23 的资源化研究越来越受到重视，目前 HFC-23 转化利用主要有以下几条技术路线，具体见表 6-20。

表 6-20　HFC-23 转化利用技术路线

转化路线	技术内容	技术特点
作三氟甲基化试剂	HFC-23 用于含三氟甲基的有机氟化物的合成	反应条件较为苛刻，其他试剂成本高，主要处于实验室研究和小批量使用阶段
热裂解技术	将 HFC-23 热裂解或催化裂解制得四氟乙烯和六氟丙烯	需在 $800 \sim 900℃$ 高温下进行，目标产物的选择性低，催化剂失活快
共裂解技术	HFC-23 与 CH_4 催化共裂解得到偏氟乙烯	需在 $700 \sim 900℃$ 高温下进行，催化剂易失活
碘代反应合成 CF_3I	HFC-23 与 I_2 反应生成 CF_3I	催化剂稳定性差、设备腐蚀严重
氟氯交换反应技术	将 HFC-23 与 $CHCl_3$ 反应，生成 HCFC-22 和 HCFC-21	反应条件温和，产物选择性高，适合工业化应用，但需解决催化剂稳定性差等难题

从上表可以看出，HFC-23 作三氟甲基化试剂时，反应不容易进行，制备的三氟甲基化试剂成本高，只适合实验室应用；采用热裂解或共裂解等路线时存在反应温度高和产物选择性低等问题；碘代反应合成 CF_3I 所需价格高的 I_2，且 O_2 烧蚀会导致活性炭载体流失，催化剂的稳定性较差，而且目前 CF_3I 的需求有限，无法满足大规模处理 HFC-23 的要求。综合比较，氟氯交换反应技术是 HFC-23 转化最理想的技术路线，它不仅可以在温和的反应条件下将 HFC-23 转化为 HCFC-22 和 HCFC-21，而且还有望将 HFC-23 转化工艺串接入 HCFC-22 生产工艺之中，从而实现 HFC-23 的低成本转化。

2）技术特点

工业生产 HCFC-22 的过程是 $CHCl_3$ 与 HF 反应，首先生成 HCFC-21，继续氟化后生成 HCFC-22，过度氟化后形成副产 CHF_3。氟氯交换工艺是将副产 CHF_3 与 $CHCl_3$ 反应生成 HCFC-22 和 HCFC-21，以上工艺原料和产品一样，可以直接和 HCFC-22 生产工艺进行有机耦合，HCFC-22 生产工艺和 HFC-23 氟氯交换工艺耦合示意图如图 6-11 所示：

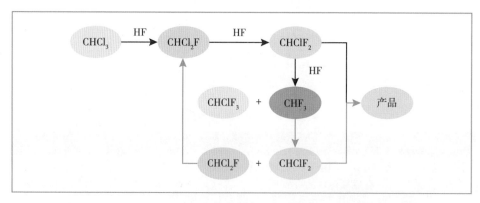

图 6-11　HCFC-22 生产工艺和 HFC-23 氟氯交换工艺耦合示意图

氟氯交换路线的优势是反应条件温和（常压、<350℃），产物选择性高（>98%），可以直接和 HCFC-22 生产工艺进行有机耦合，两段工艺原料和产品一样，适合就近生产，实现副产 HFC-23 在系统内循环利用，从源头上控制 HFC-23 的排放。

2. 技术成熟度和经济可行性

1）技术成熟度

资源化利用是未来 HFC-23 减排的新途径和技术选择趋势，目前国内 HFC-23 资源化利用技术成熟度较高，已进入产业化推广阶段。浙江化工研究院已经成功开发了两个系列的高活性长寿命的氯氟交换催化剂，并完成单管放大试验。2020 年起，它与同属中化集团的中昊晨光化工研究院有限公司合作，采用 HFC-23 氟氯交换转化技术，在两套合计产能 18 kt/a 的 HCFC-22 生产装置上配套建设副产物 HFC-23 资源化综合利用系统，实现装置的安全环保升级。由北京大学牵头组织实施的科技部"大气污染成因与控制技术研究"的重点专项"公约受控卤代烃减排成效评估和预测预警研究"（2019YFC0214500），已申请国家发明 7 件、PCT 专利 2 件。自 20 世纪 70 年代起，霍尼韦尔、苏威和杜邦等跨国公司专利主要报道将 HFC-23 转化为 CF_3I、四氟乙烯（TFE）或六氟丙烯（HFP）等含氟单体，研究机构则主要将其转化为三氟甲基化试剂或含氟中间体等[135]。

2）经济可行性

在经济可行性方面，以 500 t/a HFC-23 转化装置的建设为基础，HFC-23 转化成本和经济效益的估算情况具体见表 6-21。

表 6-21　HFC-23 转化成本和经济效益估算表

序号	项目	HFC-23 转化单位成本（元/t）
1	原材料（氟化氢、氯仿）	8 014
2	燃料/动力	717
3	工资及福利费	2 200
4	折旧费	5 666
5	修理费	1 048
6	制造费	524
7	管理费	1 192
8	摊销费	45

续表

序号	项目	HFC-23 转化单位成本（元/t）
9	转化成本费用	19 406
10	产品收入（以 HCFC-22 计）	24 052
11	HFC-23 转化收益	4 646

据上表估算，18 000 t/a HCFC-22 配套建设 500 t/a HFC-23 转化装置，每吨 HFC-23 的转化成本约为 19 406 元，可以得到 1.2 t HCFC-22 和 1.5 t HCFC-21，折合产品收益 24 052 元。可以实现 HFC-23 转化的收益 4 646 元/t。因此，该技术成果推广后，不仅能实现氟资源回收利用，节省 1.19 万元/t 的焚烧处置成本（注：行业平均处置成本为 11 923 元/t，数据来自《减少 HFC-23 副产率技术可行性方案研究项目工作报告》），转化为 HCFC-22 和 HCFC-21 后，可增加约 0.47 万元/t 的经济收益，转化 HFC-23 的综合效益约为 1.66 万元/t，将为氟化工企业带来良好的经济效益。

3）安全和环境影响

在技术安全性方面，HFC-23 氟氯交换反应为连续气固相工艺，通过化工软件计算本征反应热为 35.6 kJ/mol，该工艺为微吸热反应，安全风险等级低。使用原料（HFC-23、$CHCl_3$）、主要产物（HCFC-22、HCFC-21）和 HCFC-22 生产工艺一致，根据《危险化学品重大危险源辨识》（GB18218-2018）的规定，本工艺过程涉及的物料，不构成危险化学品重大危险源。该工艺具有反应条件温和（<350℃、常压）和产物选择性高等优点。对于连续气固相反应，工业化生产反应器采用列管式反应器，放大风险小；同时在工业化工程设计上进一步配套了 DCS 控制、自动联锁等安全保障措施，确保工艺生产过程的安全受控。

在环境影响方面，HFC-23 的温室效应潜值高达 14 800，大气层寿命 264 年，年转化 1.5 万 t HFC-23，相当于减排 2.2 亿 t CO_2-eq。HFC-23 新型减排技术的开发和推广，不仅能为氟化工行业面临的共性问题提供解决方案，而且能避免 HFC-23 排放对环境造成的危害，解决我国 HFC-23 可持续减排的难题，对我国开展节能减排低碳发展行动、履行国际公约具有重要意义。

3. 技术发展预测和应用潜力

伴随着我国 HCFC-22 原料用途需求的增长，HCFC-22 的副产物 HFC-23 产量呈上升趋势。2021 年我国 HCFC-22 产量为 57 万 t，副产物 HFC-23 约为 1.3 万 t，即相当于 2 亿 t 的 CO_2-eq。若按生态环境部应对气候变化司公示的 2018 年 HFC-23 处置核查情况的平均副产率 2.32% 计算，我国 2050 年将产生 2.19 万 t HFC-23；2020—2050 年累计产生 49.9 万 t。HFCs 具有高 GWP 值，《蒙特利尔议定书（基加利修正案）》为全力应对全球气候变化，其附件 F 明确要求各缔约方自 2020 年 1 月 1 日起，使用缔约方核准的技术清单尽量销毁 HFC-23。国内企业目前主要通过热焚烧和等离子体技术对 HFC-23 进行处置，高处置成本给我国降低 HFC-23 排放造成了客观上的困难。氟氯交换工艺是理想的 HFC-23 资源化转化路线，该技术不仅节省焚烧成本，而且具有较高的转化收益，年转化 1.5 万 t HFC-23 相当于减排 2.2 亿 t CO_2-eq，这对我国履行上述国际公约具有重要意义。

6.6　小结

含氟气体在 20 世纪末被《京都议定书》列入主要温室气体种类，虽然相较其他温室气体而言其占比较小，但对大气所造成的温升效应巨大。自 20 世纪末起，我国便加入了多个气候变化国际公约，积极应对、减缓和适应气候变化，并为之颁行了一系列政策文件，取得了较好效果。同时，我国充分发挥科技创新支撑引领作用，自 2014 年开始陆续发布了多批国家重点推广的低碳技术目录，合理布局和推动低碳技术集成示范，着力推广减排技术商业应用。但含氟气体实现深度减排具有较大挑战性，亟须推动低碳、零碳或负碳技术实现重大突破，并辅之以能源系统优化转型，方能实现协同增效。

第 7 章

非二氧化碳温室气体
减排技术发展路径

联合国气候变化专门委员会 2022 年发布的最新评估报告（AR6）提出，
CH_4 等非二氧化碳温室气体对全球地表温升贡献约 1/4，我国对非二氧化碳温
室气体管控也越加重视。为了有序开展非二氧化碳温室气体减排与管控，我们
需要研究减排技术发展趋势，集中力量攻关减排关键技术。本章从技术成熟
度、减排潜力、经济性评估等角度对典型减排技术开展低碳成效综合评估，并
形成面向 2060 年中长期发展的非二氧化碳温室气体减排技术发展路径。

7.1　非二氧化碳温室气体减排技术评估方法

非二氧化碳温室气体减排技术评估的主要思路是：首先通过文献调研、
行业调研、专家打分等调查方法，采用问卷调查、专家打分等形式，评估筛选
关键领域减排技术，再补充、调整或删除内容不合适或颗粒度过小的技术项，
合并内容相似技术项，并撰写每个技术项的范畴与内涵而形成减排技术体系；
然后建立减排技术评估指标体系，采用德尔菲法结合层次分析法、目标趋近法
对评估指标进行综合分析，形成非二氧化碳温室气体减排技术低碳成效评估方
法[138, 139]；最后，采用低碳成效评估方法对所选典型技术进行综合低碳成效
评估，最终确定不同时间节点的非二氧化碳温室气体减排技术发展路径。

7.1.1　技术体系构成

当前非二氧化碳温室气体减排主要依靠消减需求、原料替代、生产方式
改良、提高利用效率、末端回收利用和处置分解等方式实现[140]。根据非二氧
化碳温室气体类型，减排技术可分为 CH_4 减排技术、N_2O 减排技术、含氟气体
减排技术 3 项子类技术。根据 CH_4 与含氟气体的产生流程可划分为源头减量

技术、过程控制技术、末端处置技术与综合利用技术四种；根据 N_2O 气体主要产生来源可划分为农业领域 N_2O 减排技术、燃烧及其他工业领域 N_2O 减排技术、废弃物及污水处置领域 N_2O 减排技术三种。非二氧化碳温室气体减排技术可归纳为 3 项子类技术与 11 项亚类技术，技术体系如表 7-1 所示。

表 7-1　非二氧化碳温室气体减排技术体系

子类	亚类	单一技术
CH₄ 减排技术	CH₄ 源头减量技术	大型填埋场 CH_4 高效收集与利用、小型填埋场 CH_4 氧化技术、厨余垃圾资源能源利用、养殖粪污含固厌氧消化及资源能源利用、伴生气回收及油气混输技术、农业废弃物强化腐殖化技术、低排高产水稻育种改良技术、反刍动物瘤胃 CH_4 减排技术
	CH₄ 过程控制技术	泄漏检测与修复技术、场站 CH_4 排放检测与溯源技术
	CH₄ 末端处置技术	煤矿风排瓦斯氧化处理技术、油气生产过程伴生气回收利用技术、储罐闪蒸气回收技术、低气量 CH_4 转甲醇技术
	CH₄ 综合利用技术	煤层气深冷液化提纯技术及装备、低浓度煤层气吸附提浓技术、低浓度煤层气发电提效技术与放空天然气回收发电、放空天然气回收制压缩天然气（CNG）、放空天然气回收制液化天然气（LNG）、放空天然气回收制天然气水合物（NGH）、农业废弃物气肥联产技术、秸秆热解炭气联产技术
N₂O 减排技术	农业领域 N₂O 减排技术	生物质废弃物高效堆肥技术、固氮生物多样性利用技术、生物农药技术、农业投入品精准调控与优化技术、水肥高效作物选育与管理技术
	燃烧及其他工业领域 N₂O 减排技术	N_2O 催化分解技术、烟气处理协同脱硝脱 N_2O 技术、N_2O 回收利用技术
	废弃物及污水处置领域 N₂O 减排技术	污水处理精准控制技术、废弃物堆肥过程精准控氧技术
含氟气体减排技术	含氟气体源头减量技术	低 GWP 制冷剂替代技术、SF_6 环保替代气体技术、惰性阳极与低阳极效应设计及控制技术、低（无）氟化物蚀刻技术
	含氟气体过程控制技术	SF_6 气体回收循环利用技术
	含氟气体末端处置技术	含氟制冷剂低能耗消解技术、SF_6 无害化处理技术、含氟气体捕集浓缩技术、含氟气体低能耗消解技术（PFCs）
	含氟气体综合利用技术	含氟制冷剂高效再生技术、含氟气体转化利用技术

7.1.2 减排成效评估方法

层次分析法（Analytic Hierarchy Process，AHP）是 20 世纪 70 年代美国运筹学家萨蒂（Saaty）提出的方法[141]，它将总目标分解为多个准则，并进一步将准则分解为多指标（或方案、约束）的若干层次，是开展多指标、多方案优选决策的系统方法。通过目标的层层分解，决策的问题最终归结为：供决策的方案 / 措施相对于总目标的相对重要性的确定或相对优劣次序的排定。

关于非二氧化碳温室气体减排技术低碳成效的评估是一个多因素且又难于定量描述的决策问题。本书采用层次分析的方法，通过已有文献调研、专家咨询等调查方法，基于评估指标建立过程通用原则，如独立性、代表性与差异性、可行性等[142]，将非二氧化碳温室气体减排技术的低碳成效评估指标概括为：技术特性（A）、减排效应（B）、经济效应（C）和社会效应（D）。其中，技术特性重点包括技术成熟度（A1）、技术推广难度（A2）；减排效应指标选择为减排潜力（B1）和减排贡献度（B2）；经济效应主要划分为技术成本（C1）和平均减碳成本（C2）；社会效应包括社会环境效益（D1）与风险评估（D2）两个方面[143]。

技术成熟度是衡量技术满足预期应用目标程度的重要指标，也是决定碳减排技术能否实现商业化应用的先决条件[144, 145]。技术成熟度指标可分为概念阶段、基础研究阶段、中试阶段、工业示范阶段和商业应用阶段。其中概念阶段的定义为：处在提出概念和应用设想阶段；基础研究阶段的定义为：已完成实验室环境部件或小型系统功能验证；中试阶段的定义为：已完成中等规模全流程装置的试验；工业示范阶段的定义为：已具备 1～4 个正在运行或者完成试验的工业规模全流程装置；商业应用阶段的定义为：已拥有 ≥5 个正在运行的工业规模全流程装置[146, 147]。

亚类技术的成熟度评估需综合考虑亚类中所有单项技术的成熟度及关联方式进行整体判断。单项技术的关联方式可分为并联型、串联型、离散型与混合型四种类型。定义如下：

（1）并联型：单项技术之间互为竞争关系（如：工业过程 N_2O 催化分解技术与联合吸附、精馏等单元工艺纯化 N_2O 回收技术），均具备单独实现亚类技术减排目标的潜力；

（2）串联型：单项技术之间互为合作关系（如：极低浓度煤层气浓缩技术与煤矿抽采 CH_4 浓度 8% ~ 30% 瓦斯利用技术），共同实现亚类技术减排目标；

（3）离散型：单项技术针对不同排放来源，相互之间无关联，共同实现亚类技术减排目标（例如：油气领域 CH_4 泄漏与修复技术与煤炭 CH_4 提浓技术，两类技术无竞争或合作关系，共同支撑能源行业的温室气体减排）；

（4）混合型：亚类技术中单项技术总体呈离散型，但某个或多个离散部分中存在单项技术的并联或串联关系[148]。

例如，某亚类技术中单项技术的关联方式如图 7-1 所示。该亚类技术中单项技术的关联类型为混合型，技术 A 和技术 B 为串联关系，总体成熟度取最小值 1；技术 C 和技术 D 为并联关系，总体成熟度取最大值 4；技术 A/B 与技术 C/D 为离散关系，成熟度取平均值 =（1+4）/2=2.5，该亚类技术的成熟度为 2.5，整体处于基础研究向中试的过渡阶段。

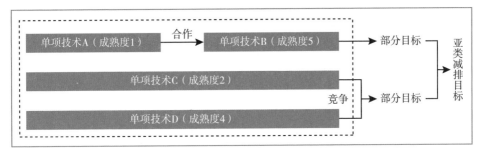

图 7-1　技术成熟度关联类型与评估方法

减排效应基于对每项单一技术当年减排潜力判断（考虑技术竞争，经专家预测给出），然后根据各单一技术的减排贡献指标进行评估。减排贡献的定义为：单一技术当年温室气体减排量占整个亚类技术当年整体减排量的比例。

技术成本是减排技术为替代原有技术实现碳减排所需要投入的所有经济成本，这里我们采用绿色溢价来考察碳减排技术所生产的产品在经济性上是否具备大规模替代传统产品的潜力[149]，它是某种减排技术生产单位产品的成本与典型通用技术生产单位产品的成本差与典型通用技术生产单位产品的成本比值；而平均减碳成本是在满足相同产品与服务需求的前提下，某种减排技术与典型通用技术相比，减排吨 CO_2 的净成本，计算公式如式 7-1 所示。

$$AC_i= （C_i-C_{ref}）/ （CO_{2, ref} -CO_{2, i}） \tag{7-1}$$

其中，AC_i 为减排技术 i 在目标年的减碳成本；$（C_i-C_{ref}）$ 为减排技术 i 与典型通用技术的成本差值，该成本包括资本成本以及与能源使用相关的运营成本，不包括交易成本和税费；$（CO_{2, ref} -CO_{2, i}）$ 为减排技术 i 相较于典型通用技术的碳减排量。边际碳减碳成本参数反映的是当前市场和技术条件下，该项技术实现单位 CO_2 减排所付出的净成本[150]。因此平均减碳成本可与碳价水平直接关联，低于碳价即表明该项技术在当前条件下具备市场经济性和竞争性。

基于上述指标的选取和确定，我们采用层次分析方法，通过构建判断矩阵、九标度打分法与层次排序等步骤[142, 143]，对非二氧化碳温室气体减排技术评估指标权重赋值。对于各单项指标指数的获取，不同性质的指标需采用不同的方法，如表 7-2 所示。对于定量指标，我们以国家政策推荐目标值或减排技术发展可能达到的先进值作为评价标准，通过实际值与评价标准的比值，量化技术对应指标的成效情况；对于定性指标，我们根据技术的进展水平判断打分，以 0~1 为分值区间，越接近目标值分值，分数会越接近 1，反之趋近 0。为了确定单项技术的定量指标赋值，我们按照线性内插法得到指标值[151]。

为了描述各单项技术低碳成效的相对水平，我们定义低碳成效综合指数用于表征技术低碳成效的相对水平，即面向各层指标实施不断收敛，完成对所有单项指标指数的加权。对应计算公式如式 7-2 所示。

$$C=\sum_{k=1}^{m} W_k\sum_{j=1}^{n} W_j I_i \tag{7-2}$$

其中，C 为技术低碳成效综合指数；W_k 为准则层指标权重值；m 为准则层指标数；n 为该准则层指标所述的单项指标数；W_j 为单项指标权重值；I_i 为某单项指标评价指数[142]。

表 7-2　低碳减排成效评估两类指标处理方法

指标	处理方法
定量指标：直接减排量、减排贡献度、技术成本与平均减碳成本	以国家政策推荐的行业目标值或者国内外技术发展达到的先进值作为评价标准。取值方法为单项指标实际值与标准值的比值。
定性指标：技术成熟度、推广难度、环境效益与安全风险	采用 4 级划分法，即将定性指标分为 4 个区间，标准值设定为 1，不满足取值 0，其他水平区间取值为（0.25、0.5、0.75）。正向指标值越大，分值越高；负向指标值越大，分值越低。

7.1.3　亚类技术成熟度评估结果及预测

基于上述方法，以时间为主轴，面向 2060 中长期，我们分阶段依次对 2025 年、2030 年、2035 年、2050 年与 2060 年非二氧化碳温室气体减排技术体系中所含的三大亚类技术进行成熟度评估分析，结果如图 7-2 所示。非二氧

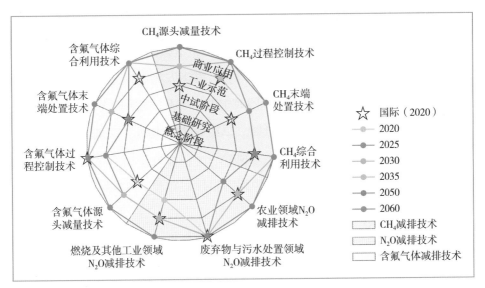

图 7-2　非二氧化碳温室气体减排技术成熟度整体评估及预测

化碳温室气体减排技术整体成熟度较高，接近国际先进水平，但农业领域 N_2O 减排技术、含氟气体过程控制技术等亚类技术与国际水平存在差距；仅部分亚类技术（如农业领域、燃烧及其他工业领域的 N_2O 减排技术、含氟气体源头减量与末端处置技术）尚处于中试阶段。

CH_4 约占我国非二氧化碳温室气体排放总量的 55%，CH_4 减排技术包括源头减量、过程控制、末端处置以及综合利用四项亚类技术。亚类技术目前均处于工业示范阶段，其中，过程控制技术预计经过 5 年技术攻关后可具备商业化应用条件；末端处置和综合利用技术预计需要 10 年技术攻关才能达到商业化应用水平；源头减量技术预计经过 15 年技术攻关后可具备商业化应用条件。

N_2O 约占我国非二氧化碳温室气体排放总量的 30%，N_2O 减排技术按应用领域划分为农业领域、废弃物与污水处置领域、燃烧及其他工业领域三项亚类技术。废弃物与污水处置领域 N_2O 减排技术已处于商业化应用阶段；燃烧及其他工业领域 N_2O 减排技术处于中试阶段，预计需要 15～20 年技术攻关，才可具备商业化应用条件；农业领域 N_2O 减排技术研发难度较大，预计需要 20 年以上的技术攻关才可达到商业化应用水平。

含氟气体约占我国非二氧化碳温室气体排放总量的 15%。含氟气体减排技术是非二氧化碳温室气体减排的有力支撑，包括含氟气体的源头减量、过程控制、末端处置以及综合利用四项亚类技术。其中，综合利用技术已处于商业化应用阶段；过程控制技术处于工业示范阶段，预计需要 10 年左右技术攻关才可具备商业化应用条件；源头减量和末端处置技术均处于中试阶段，预计需要 15 年才可达到商业化应用水平。

在此，我们初步以技术成熟度为评价指标，对非二氧化碳温室气体亚类减排技术的发展路径进行了归纳分析研究，结果如图 7-3 所示。"十四五"期间，我们应当优先部署 CH_4 过程控制、废弃物与污水处置领域 N_2O 减排、含氟气体综合利用等技术研发，超前部署研发 CH_4 源头减量、农业 N_2O 减排、含氟气体源头减量和末端处置等技术。"十五五"期间，我们应当重点部署

CH_4 末端处置和综合利用、燃烧及其他工业领域 N_2O 减排、含氟气体过程控制技术。2030 年后持续推动技术发展和迭代更新。

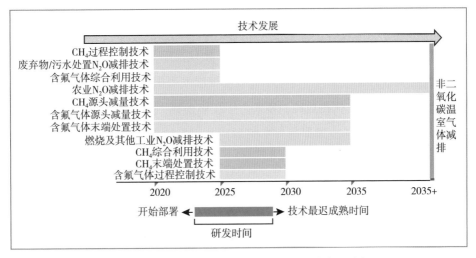

图 7-3　非二氧化碳温室气体亚类减排技术发展路径

7.2　甲烷减排技术近中期发展路径

基于对收集的 CH_4 减排技术的特征、市场需求以及未来减排贡献的综合分析，本节重点围绕以下 CH_4 减排技术开展方法学的应用评估：①低排高产水稻育种改良技术；②反刍动物瘤胃 CH_4 减排技术；③油气生产 CH_4 排放过程控制技术；④油气生产过程伴生气回收技术；⑤煤矿风排瓦斯氧化处理技术；⑥低浓度煤层气吸附提浓技术；⑦低浓度煤层气发电提效技术；⑧煤层气深冷液化提纯技术；⑨油气生产排放综合利用技术；⑩填埋场温室气体排放控制技术。我们将从减排潜力、技术成熟度、经济性评估等对 CH_4 减排技术进行归纳研究，然后采用低碳成效评估方法，分阶段分时间节点对所选典型技术进行综合低碳成效评估，最终确定不同时间节点减排技术发展路径。

7.2.1 减排效应分析

减排效应分析主要围绕减排潜力和减排贡献度两个方面来阐述。从专家对各单项技术减排潜力预测结果来看，煤炭与废弃物领域 CH_4 减排技术的减排潜力整体处于较高水平。近期，低浓度煤层气吸附提浓技术减排潜力最高，其次是填埋场温室气体排放控制技术。中长期来看，煤矿风排瓦斯氧化处理技术减排潜力最高，低浓度煤层气吸附提浓技术与填埋场温室气体排放控制技术减排潜力次之。从单项技术的自身减排潜力的发展趋势来看，农业领域 CH_4 减排技术逐年增加，能源领域 CH_4 减排技术基本呈现逐年下降的趋势。这可能与我国能源结构未来发生根本性转变有着重大关联[152, 153]。

如前所述，将各单项减排技术减排潜力与所筛选的 CH_4 减排技术总减排潜力的比值大小定义为该单项减排技术减排贡献度，用来表示该技术的减排重要性，结果如图 7-4 所示。从图中可以发现能源领域煤矿风排瓦斯氧化处理技术与煤层气吸附提浓技术预计在 2025 年、2030 年、2035 年、2050 年与 2060 年总减排贡献度依次为 50%、60%、70%、68%、63%，可被认为是能源领域 CH_4 减排的重要措施。此外，反刍动物瘤胃 CH_4 减排技术整体呈现逐年增加趋势，预计到 2060 年 CH_4 减排贡献度可达到近 22%。总的来看，近期 CH_4 综合利用技术与末端处置技术在 CH_4 减排领域具有较大的应用潜力，中长期 CH_4 源头减量技术在 CH_4 减排领域将逐步占据重要地位。

7.2.2 成熟度评估

图 7-5 为 CH_4 减排技术的成熟度评估结果及预测。从图中可以看到，当前油气生产排放综合利用技术、填埋场温室气体排放控制技术、油气生产排放综合利用技术、油气生产 CH_4 排放过程控制技术、低浓度煤层气吸附提浓技术、低浓度煤层气发电提效技术、煤层气深冷液化提纯技术与煤矿风排瓦斯

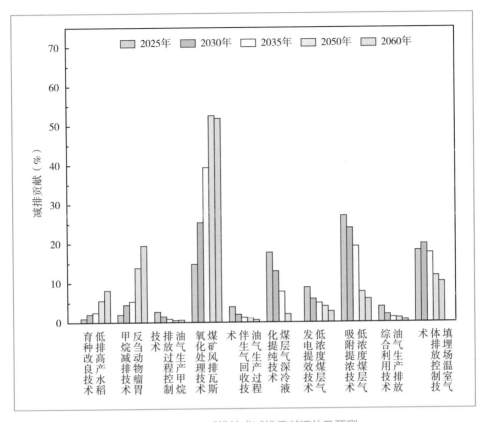

图 7-4　CH₄ 减排技术减排贡献评估及预测

氧化处理技术正在进行工业示范推广，低排高产水稻育种改良、反刍动物瘤胃 CH₄ 减排等技术已取得原理性突破。

从技术推广难度来看，经预测，未来五年能实现成熟推广应用的技术有低排高产水稻育种改良技术、油气生产 CH₄ 排放过程控制技术、油气生产过程伴生气回收技术与油气生产排放综合利用技术；未来十年可以实现技术成熟推广应用的有填埋场温室气体排放控制技术、煤矿风排瓦斯氧化处理技术、低浓度煤层气吸附提浓技术、低浓度煤层气发电提效技术与煤层气深冷液化提纯技术。值得注意的是，从亚类技术层面来看，2030 年前，CH₄ 综合利用技术与末端处置技术对于 CH₄ 初期减排贡献作用更大。

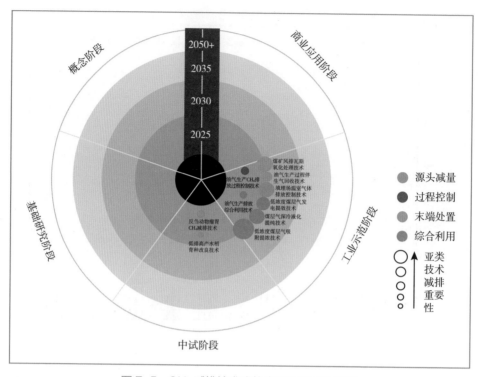

图 7-5　CH₄ 减排技术成熟度评估结果及预测

7.2.3　经济性评估

经济性评估主要包括产品绿色溢价与平均减碳成本两个方面。CH₄ 减排涉及多个领域，碳减排技术的应用将影响生产成本，进而影响绿色溢价。产品绿色溢价为零或负值，意味着碳减排技术所生产的产品具备大规模替代传统产品的潜力。但按 2020 年不变价核算，在当前技术发展水平下，大多数碳减排技术的产品绿色溢价为正，即应用后会造成产品成本上升。然而，煤矿风排瓦斯氧化处理技术、低浓度煤层气吸附提浓技术的单位 CH₄ 处理技术的绿色溢价价格近乎于零。

图 7-6 为关键 CH₄ 减排技术平均减碳成本的评估结果与预测。从图中可以看到，在当前技术发展水平下，CH₄ 减排技术的平均减碳成本普遍较低，所

选单项技术平均减碳成本大部分低于我国当前碳市场碳价（约 50 元/t CO$_2$-eq），预测整体处于 15 元/t CO$_2$-eq 水平以内，其中油气生产领域的关键减排技术平均减碳成本预测值接近零；煤炭领域的关键减排技术平均减碳成本也较小，均具有很好的市场应用前景；农业领域的减排技术减碳成本整体较高，尤其是低碳高产水稻育种改良技术减碳成本在未来中长期整体预测可能会处于 360 ~ 640 元/t CO$_2$-eq 数值范围。

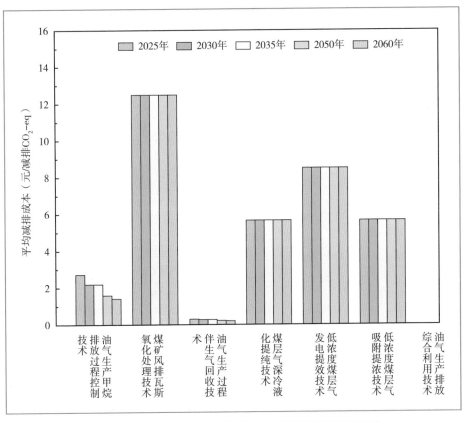

图 7-6　关键 CH$_4$ 减排技术平均减碳成本评估结果及预测

7.2.4　发展路径分析

前面我们从减排潜力、技术成熟度、经济性等角度对 CH$_4$ 减排技术进行了初步评估。在此，我们采用低碳成效评估方法对 CH_4 减排技术低碳成效进行综合评估，形成如下发展路径，如图 7-7 所示。

1. 能源领域

1）煤炭开采

2025—2030 年，推广煤矿风排瓦斯氧化处理技术、低浓度煤层气吸附提浓技术、低浓度煤层气发电提效技术与煤层气深冷液化提纯技术。

2）油气回收及利用

2025—2030 年，推广油气生产排放综合利用技术、油气生产 CH_4 排放过程控制技术；积极发展油气生产过程伴生气回收技术。

2025—2035 年，推广油气生产过程伴生气回收技术。

2. 农业领域

2020—2025 年，推广反刍动物瘤胃 CH_4 减排技术；积极发展低排高产水稻育种改良技术；

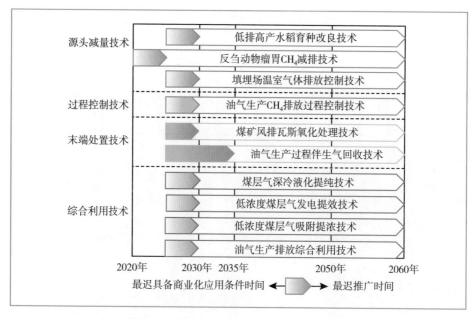

图 7-7 关键 CH_4 减排技术近中期发展路径

2025—2030 年，推广低排高产水稻育种改良技术。

3. 废弃物领域

2025—2030 年，推广填埋场温室气体排放控制技术。

7.3　氧化亚氮减排技术近中期发展路径

基于对收集的 N_2O 减排技术的特征、市场需求以及未来减排贡献的综合分析，本节重点围绕以下 N_2O 减排技术开展方法学的应用评估：①生物质废弃物高效堆肥技术；②固氮生物多样性利用技术；③水肥高效作物选育与管理技术；④农业投入品精准调控与优化技术；⑤污水处理精准控制技术；⑥废弃物堆肥过程精准控氧技术；⑦燃烧过程 N_2O 催化分解技术；⑧烟气处理协同脱硝脱 N_2O 技术。

7.3.1　减排效应分析

N_2O 约占我国非二氧化碳温室气体排放总量的 30%，N_2O 减排技术是非二氧化碳温室气体减排的重要关口。从 N_2O 减排技术减排潜力数据来看，工业领域 N_2O 减排潜力整体处于较高水平，随着技术自身成熟度的提升，减排潜力将会大幅度提升。图 7-8 为 N_2O 关键减排技术减排贡献度分析结果与预测。从图中可以看出，工业领域燃烧过程 N_2O 催化分解技术与烟气处理协同脱硝脱 N_2O 技术在 2025 年、2030 年、2035 年、2050 年与 2060 年总体减排贡献度依次为 60%、70%、76%、76%、95%，是 N_2O 减排的重要措施。另外，从农业与废弃物处置领域来看，农业投入品精准调控与优化技术、水肥高效作物选育与管理技术对于 N_2O 的减排也起着良好的补充支撑作用。

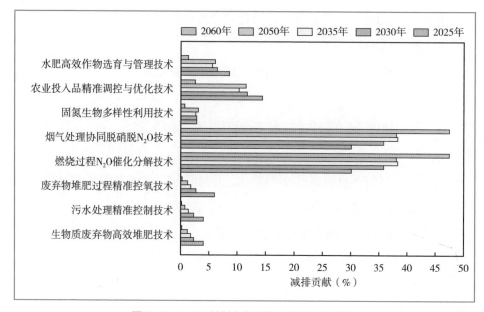

图 7-8　N$_2$O 减排技术减排贡献评估及预测

7.3.2　成熟度评估

图 7-9 为 N$_2$O 减排技术的成熟度评估及预测结果。从图中可以看到，目前污水处理精准控制技术、水肥高效作物选育与管理技术已实现大规模应用；生物质废弃物高效堆肥技术、废弃物堆肥过程精准控氧技术、农业投入品精准调控与优化技术正在进行工业示范推广；烟气处理协同脱硝脱 N$_2$O 技术处于中试阶段，而固氮生物多样性利用技术与燃烧过程 N$_2$O 催化分解等技术已取得原理性突破。

从技术推广难度来看，预测未来五年能实现成熟推广应用的技术有农业投入品精准调控与优化技术和水肥高效作物选育与管理技术；未来十年能实现成熟推广应用的技术有烟气处理协同脱硝脱 N$_2$O 技术、生物质废弃物高效堆肥技术、废弃物堆肥过程精准控氧技术与污水处理精准控制技术。此外，固氮生物多样性利用技术等预计需要十年以上的时间才能实现成熟推广应用。

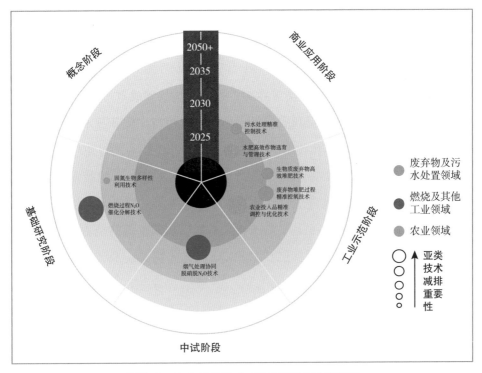

图 7-9　N$_2$O 减排技术成熟度评估及预测结果

7.3.3　经济性评估

图 7-10 为关键 N$_2$O 减排技术平均减碳成本的评估结果与预测。在当前技术发展水平下，N$_2$O 技术的平均减碳成本普遍偏高，50% 以上技术的平均减碳成本高于 500 元 /t CO$_2$-eq，近 30% 的技术高于 1 000 元 /t CO$_2$-eq。仅约 15% 的技术平均减碳成本低于我国当前碳市场碳价（约 50 元 /t CO$_2$-eq），如工业领域的 N$_2$O 催化分解技术，可实现当年技术减排潜力的 70%，该项技术目前处于中试阶段。

预计至 2030 年，各类技术的平均减碳成本便呈现整体下降趋势，其中污水处理精准控制技术的下降比例十分显著。然而，仍有超过 40% 的技术平均减碳成本高于 500 元 /t CO$_2$-eq，近 20% 的技术高于 1 000 元 /t CO$_2$-eq。除了

工业领域 N_2O 催化分解技术外，废弃物及污水处置领域的生物质废弃物高效堆肥技术、污水处理精准控制技术的平均减碳成本低于 2030 年预估碳价水平（约 100 元 /t CO_2-eq）。

预计 2030—2035 年，各类 N_2O 减排技术平均减碳成本将保持下降趋势，其中生物质废弃物高效堆肥和农业投入品精准调控与优化等技术成本下降显著。然而，各类技术成本相比 2030 年总体变动较小，仍有超过 40% 的技术平均减碳成本高于 500 元 /t CO_2-eq，但高于 1 000 元 /t CO_2-eq 的技术种类占比下降至约 15%。我国 CO_2 碳达峰后，碳价增长速率将大幅提升，预计到 2035 年达到 200 元 /t CO_2-eq 水平，平均减碳成本低于预期碳价的技术种类占比略有提升。生物质废弃物高效堆肥技术、N_2O 催化分解等技术已初步具备推广潜力。

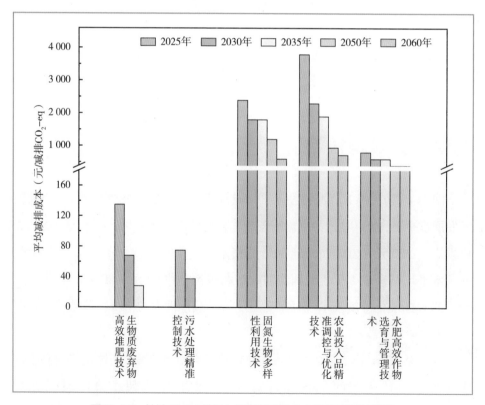

图 7-10　关键 N_2O 减排技术平均减碳成本评估结果及预测

　　预计在 2035—2050 年，碳强度约束及高碳价增幅将持续刺激技术改进和应用规模扩大，平均减碳成本快速下降。废弃物及污水处置领域 N_2O 减排技术边际成本近零，约 90% 的平均减碳成本已低于我国 2050 年预估碳市场碳价水平（约 650 元 /t CO_2-eq）。水肥高效作用选育与管理技术已具备大规模推广条件。

7.3.4　发展路径分析

　　前面我们从减排潜力、技术成熟度、经济性等角度对 N_2O 减排技术进行了初步评估。在此，我们采用低碳成效评估方法对 N_2O 减排技术低碳成效进行综合评估，形成如下发展路径，如图 7-11 所示。

1. 废弃物处理及污水处置领域

　　2025—2030 年，推广污水处理精准控制技术、废弃物堆肥过程精准控氧技术。

2. 燃烧及其他工业领域

　　2025—2030 年，推广烟气处理协同脱硝脱 N_2O 技术；积极发展燃烧过程 N_2O 催化分解技术。

　　2030—2035 年，推广燃烧过程 N_2O 催化分解技术。

3. 农业领域

　　2020—2025 年，推广水肥高效作物选育与管理技术、农业投入品精准调控与优化技术；积极发展生物质废弃物高效堆肥技术。

　　2025—2030 年，推广生物质废弃物高效堆肥技术；积极发展固氮生物多样性利用技术。

　　2030—2035 年，推广固氮生物多样性利用技术。

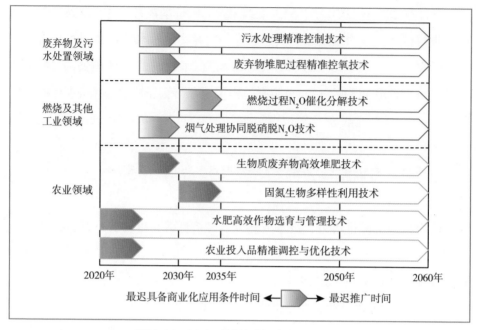

图 7-11 N$_2$O 减排技术近中期发展路径

7.4 含氟气体减排技术近中期发展路径

基于对收集的含氟气体减排技术的特征、市场需求以及未来减排潜力的综合分析，本节重点围绕以下含氟气体减排技术开展方法学的应用评估：①低GWP 制冷剂替代技术；②低阳极效应设计及控制技术；③惰性阳极铝电解技术；④ SF$_6$ 环保替代气体技术；⑤含氟制冷剂高效再生技术；⑥ SF$_6$ 气体回收循环利用技术；⑦ PFCs 低能耗消解技术；⑧ SF$_6$ 无害化处理技术；⑨含氟制冷剂低能耗消解技术；⑩含氟气体捕集浓缩技术。

7.4.1 减排效应分析

图 7-12 为含氟气体减排技术减排贡献评估及预测。如图所示，在所筛选

的含氟气体减排技术中，根据专家提供的含氟气体减排技术减排潜力数据来看，低 GWP 制冷剂替代技术、含氟制冷剂低能耗消解技术、含氟制冷剂高效再生技术、SF_6 无害化处理技术、SF_6 回收循环利用技术等减排潜力整体处于较高水平。从图中可以发现，早期含氟气体的回收、再生与低能耗消解技术减排贡献较大，如 SF_6 回收循环利用技术、含氟制冷剂低能耗消解技术与含氟制冷剂高效再生技术，在 2025 年与 2030 年的总减排贡献依次为 55%、49%。2035 年后，含氟替代技术与捕集浓缩、无害化处理与高效再生技术会产生较大的减排贡献。其中低 GWP 含氟制冷剂替代技术在 2045 年、2050 年与 2060 年的减排贡献依次为 36%、35% 与 40%。总的来看，近期含氟气体过程控制技术与末端处置技术具有较大的减排应用潜力，而从中长期来看，含氟气体源头减量技术会逐步占据重要地位。

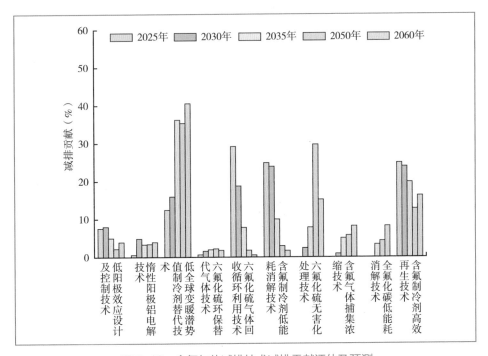

图 7-12　含氟气体减排技术减排贡献评估及预测

7.4.2　成熟度评估

含氟气体约占我国非二氧化碳温室气体排放总量的 15%。含氟气体减排技术是非二氧化碳温室气体减排的有力支撑，包括含氟气体的源头减量、过程控制、末端处置以及综合利用四项亚类技术。SF$_6$ 气体回收循环利用技术具备大规模应用推广条件，含氟制冷剂低能耗消解技术、含氟制冷剂高效再生技术、低（无）阳极效应电解等技术正在开展工业示范，低 GWP 制冷剂替代和惰性阳极铝电解技术已开展中试试验，而 SF$_6$ 无害化处理技术正在进行基础理论研究（图 7-13）。

从技术推广难度来看，当前已经可以实现推广应用的技术有 SF$_6$ 气体回收循环利用技术；未来五年内能实现成熟推广应用的技术有 PFCs 低能耗消解技术；未来十年内能实现成熟推广应用的有低阳极效应设计及控制技术、含氟制

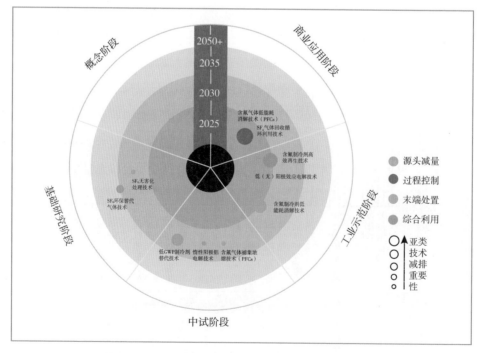

图 7-13　含氟气体减排技术成熟度评估及预测结果

冷剂低能耗消解技术、含氟气体捕集浓缩技术、含氟制冷剂高效再生技术；此外，惰性阳极铝电解技术、低 GWP 制冷剂替代技术、SF_6 环保替代技术与 SF_6 无害化处理技术预计需要十年以上的时间才能实现成熟推广应用。

7.4.3　经济性评估

图 7-14 为关键含氟气体减排技术平均减碳成本的评估结果与预测。在当前技术发展水平下，含氟气体减排技术的平均减碳成本差别较大，30% 以上技术的平均减碳成本高于 1 000 元 /t CO_2-eq，约 30% 的技术平均减碳成本低于我国当前碳市场碳价（约 50 元 /t CO_2-eq），不足当年技术减排潜力的 50%，包括 SF_6 回收循环利用、含氟制冷剂低能耗消解、SF_6 环保替代气体与含氟制冷剂高效再生技术等，其中 SF_6 回收循环利用与含氟气体低能耗消解技术已基本实现规模应用。

预计至 2030 年，各类含氟气体技术的平均减碳成本将呈现整体下降趋势，含氟气体捕集浓缩、含氟气体低能耗消解等技术随着应用规模的大幅提升，平均减碳成本下降比例十分显著。然而，仍有近 30% 的平均减碳成本高于 500 元 /t CO_2-eq，近 25% 的技术高于 1 000 元 /t CO_2-eq。其中，约 55% 的平均减碳成本低于 2030 年预估碳价水平（约 100 元 /t CO_2-eq）。SF_6 环保替代气体、含氟气体捕集浓缩等技术已具有大规模推广的可能。

预计在 2030—2035 年，各类含氟气体减排技术平均减碳成本保持下降趋势，其中惰性阳极、含氟气体捕集浓缩等技术成本下降显著。然而，各类技术成本相比 2030 年总体变动较小，仍有近 30% 的平均减碳成本高于 500 元 /t CO_2-eq。我国 CO_2 碳达峰后，碳价增长速率将大幅提升，预计到 2035 年达到 200 元 /t CO_2-eq 水平，平均减碳成本低于预期碳价的技术种类占比略有提升。低 GWP 制冷剂替代技术、SF_6 无害化处理等技术已初步具备推广潜力。

预计 2035—2050 年，碳强度约束及高碳价增幅将持续刺激技术改进和应用规模扩大，平均减碳成本快速下降。得益于惰性阳极、低 GWP 制冷剂替代等技术的成熟应用，平均减碳成本高于 500 元 /t CO$_2$-eq 的技术种类占比下降至 25%，约 70% 的技术平均减碳成本已低于我国 2050 年预估碳市场碳价水平（约 650 元 /t CO$_2$-eq），技术应用的温室气体减排潜力仅较 2020 年进一步扩大至 5.5 亿 t。

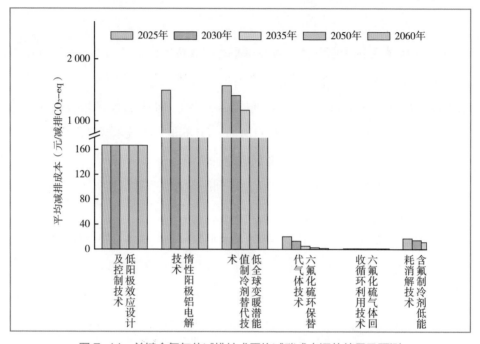

图 7-14　关键含氟气体减排技术平均减碳成本评估结果及预测

7.4.4　发展路径分析

前面我们从减排潜力、技术成熟度、经济性等角度对含氟气体减排技术进行了初步评估。在此，我们采用低碳成效评估方法对含氟气体减排技术低碳成效进行综合评估，形成如下发展路径，如图 7-15 所示。

1. 工业领域

1）空调制冷行业（HFC）

2025—2030 年，推广含氟制冷剂高效再生技术、含氟制冷剂低能耗消解技术；积极发展低 GWP 制冷剂替代技术。

2025—2035 年，推广低 GWP 制冷剂替代技术。

2）电解铝行业（PFCs）

2024—2025 年，推广含氟气体低能耗消解技术；积极发展低（无）阳极效应电解技术、含氟气体捕集浓缩技术。

2025—2030 年，推广低（无）阳极效应电解技术、含氟气体捕集浓缩技术；积极发展隋性阳极铝电解技术。

2028—2035 年，推广隋性阳极铝电解技术。

3）电力行业（SF$_6$）

2025—2026 年，推广 SF$_6$ 气体回收循环利用技术；积极发展 SF$_6$ 无害化

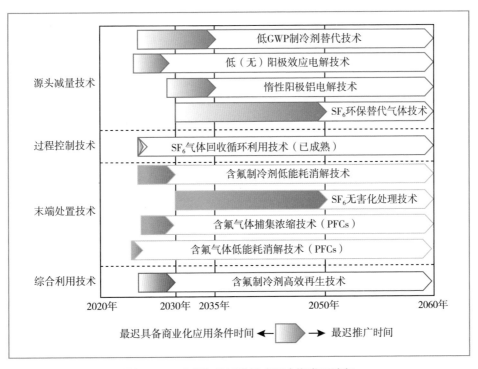

图 7-15　含氟气体减排技术近中期发展路径

处理技术、SF_6 环保替代气体技术。

2030—2050 年，推广 SF_6 无害化处理技术、SF_6 环保替代气体技术。

7.5　小结

本章构建了非二氧化碳温室气体减排技术低碳成效评估方法学，收集形成了行业非二氧化碳温室气体减排技术清单，并从减排潜力、经济性评估、技术成熟度等对非二氧化碳温室气体减排技术进行归纳研究，然后采用低碳成效评估方法学，分阶段分时间节点对所选典型技术进行综合低碳成效评估，最终确定不同时间节点减排技术发展路径。

"十四五"期间，基于成熟度分析结果，从亚类技术发展路径来看，我们应当优先部署 CH_4 过程控制、废弃物与污水处置领域 N_2O 减排、含氟气体综合利用等技术研发，超前部署研发 CH_4 源头减量、农业 N_2O 减排、含氟气体源头减量和末端处置等技术。"十五五"期间，我们应当重点部署 CH_4 末端处置和综合利用、燃烧及其他工业领域 N_2O 减排、含氟气体过程控制技术。2030年后持续推动技术发展和迭代更新。

从 CH_4 减排来看，能源 CH_4 与固废 CH_4 减排空间较大，目前减排成本整体处于 15 元 /t CO_2-eq 水平以内，煤炭领域预计在 2030—2060 年推广煤矿风排瓦斯氧化处理技术、低浓度煤层气吸附提浓技术，油气领域在 2020—2030 年推广油气生产 CH_4 排放过程控制技术，2030—2060 年，积极推广油气生产 CH_4 排放过程控制技术。

从 N_2O 减排看，工业领域的燃烧过程 N_2O 催化分解技术与烟气处理协同脱硝脱 N_2O 技术减排贡献较大，预计 2030—2035 年推广烟气处理协同脱硝脱 N_2O 技术和燃烧过程 N_2O 催化分解技术。

从含氟气体减排来看，早期含氟气体的回收、再生与低能耗消解技术减排贡献较大，在 2035 年后含氟替代技术与捕集浓缩技术等会产生较大的减排贡献。

从制冷剂与电力领域来看，该领域预计 2020—2030 年推广 SF$_6$ 气体回收循环利用技术，2030—2035 年推广含氟制冷剂低能耗消解技术、含氟制冷剂高效再生技术与 SF$_6$ 气体回收循环利用技术，2035—2060 年推广低 GWP 制冷剂替代技术与 SF$_6$ 无害化处理技术。

第 8 章

展望

8.1 我国非二氧化碳温室气体减排技术面临的机遇与挑战

通过运用市场、金融、法规、政策、资金与科技等多方面手段，全球主要发达国家的非二氧化碳温室气体排放量在 1990—2010 年呈现整体下降趋势。我国"1+N"政策体系的总体部署将我国非二氧化碳温室气体问题在政策层面提升到了一个新的高度，并受到全社会的广泛关注，因此非二氧化碳温室气体减排技术也迎来了前所未有的机遇，有望在法律法规与市场资金的支持下，进入快速发展期。

我国非二氧化碳温室气体减排将获得更多的关注，得到国家层面的政策支持。现有的温室气体减排政策主要侧重于 CO_2 排放问题，非二氧化碳温室气体减排政策在未来也将拥有较大的发展空间，来自国家层面的政策支持能够使它产生更大的效益。如之前章节所述，2021 年，中共中央、国务院已经多次对非二氧化碳问题作出了重要指示，明确了未来我国非二氧化碳温室气体减排的重要问题。我国的"十四五"规划也已明确提出，要加大 CH_4、HFCs、PFCs 等其他温室气体控制力度。此外，我国正式接受了《基加利修正案》，决定加大对含氟气体管控力度。中美两国也多次发表联合声明，宣布加强对 CH_4 等非二氧化碳温室气体的管控。这表明，我国非二氧化碳温室气体的管控政策及相关法规正在逐步完善，并将在未来有效推动非二氧化碳温室气体减排实践的发展。

我国非二氧化碳温室气体减排已具备技术基础，在未来能够起到良好的示范作用。近年来，我国诞生了一批具有自主知识产权的非二氧化碳温室气体减排技术，奠定了行业快速发展的基础。以 CH_4 减排和利用为例，针对煤炭瓦斯的全浓度利用技术体系已在我国开展应用。

在未来，现有的技术将与人工智能等热门新技术结合，驱动减排技术的发展升级，带来全面的数字革命。一方面，人工智能等技术有望自动识别缺陷并预测故障而不中断操作、跟踪工业现场的漏洞、优化生产流程，从而提高能源效率、有效减少温室气体排放。另一方面，人工智能的引入也可以推动跨部门和价值链的协同气候行动，提升已有技术的减排效率。

我国非二氧化碳温室气体减排符合国家经济社会转型方向，有助于带动绿色循环经济发展。与 CO_2 减排情况相同，我国非二氧化碳温室气体减排时间紧、任务重，迫切的减排需求将拉动减排技术的快速发展升级。目前，我国仍处于经济社会发展的上升期，这意味着碳排放总量和强度较高的情况仍将持续；同时，我国零碳和负碳关键核心技术储备尚不足以支撑绿色循环经济全面实现，面临较大的减排压力。到 2035 年，我国将基本实现社会主义现代化，预计经济总量和人均收入相比 2020 年翻一番，这要求 15 年内经济年均增速在 5% 左右。而要实现高质量达峰和 2035 年碳排放稳中有降的目标，需要碳强度年均降幅不低于 5%，且 2035 年之后降幅要更加明显。其中，非二氧化碳温室气体排放预计需要在 2035 年前缩减近 20%，在 2050 前缩减近 60%。这一方面是巨大的考验和挑战，另一方面也为我们提供了可以协同减缓气候变化、增加可用能源、促进经济增长和改善空气质量与生产安全的绝佳机遇。同时，节能减排的观念将普遍树立，非二氧化碳温室气体减排的重要意义也将被更为广泛的接受。

由于非二氧化碳温室气体 GWP 值大、大气停留时间长，它对气候的变化影响将是长期的、广泛的，因而得到国际社会普遍关注，减少其排放也是目前主要发达国家实现减排目标的重要手段。多数国家优先将相关技术创新纳入多边科技合作框架，非二氧化碳温室气体减排技术也因此成为深化国际交流、推动合作共赢的新增长点。对我国来说，这一方面有利于我国吸收欧美发达国家应对气候变化的先进技术、政策和行动经验，广泛开展技术创新、能源转型、产业升级、政策制定等方面的高水平、深层次合作，推进我国减排技术的发展进步；另一方面也将促使我国的减排技术直接对接国际绿色低碳 / 脱碳转型需求，形成绿色低碳技术的双向流动，从而大幅增加相应技术的发展空间和国际竞争力，从而成功地走出国门、走向世界。国际合作的广泛开展也有望推动非二氧化碳温室气体减排相关的知识共享，搭建技术转移平台和数据库，缓解知识产权造成的"卡脖子"难题。

在这一空前的发展机遇面前，我国的非二氧化碳温室气体减排技术同样面临着挑战，主要包括：

1.非二氧化碳温室气体监测基础较为薄弱，排放量测算不准确。由于非二氧化碳温室气体长期以来受到的关注度不足，我国许多行业对其排放监测体系并不完善，统计得到的排放数据也与大气监测结果存在一定差别。这体现在我国发布的历年国家信息通报以及两年更新报告中，非二氧化碳温室气体排放的测算数据存在较大的不确定性；我国的排放清单也与国际排放数据库之间存在明显差异。以含氟气体 HFC-23 为例，各国上报联合国的数据总和显示该气体排放已逐步下降，从 2010 年起处于较低水平；但大气监测反演得到的结果却显示，该气体在大气中的浓度正在快速增加。截至 2020 年，上述两组数据来源存在 2 亿 t CO_2-eq 的缺口。考虑到含氟气体排放主要由人类活动产生，此缺口的来源很可能是各国对非二氧化碳温室气体排放的测量、报告与核查不准确。预计随着"双碳"措施的落实，非二氧化碳温室气体的监测手段也将进入快速发展期，得出更加准确的排放数据。

2.非二氧化碳温室气体减排技术不够成熟，缺乏成体系的实用技术和配套设施。尽管我国非二氧化碳温室气体的减排技术发展迅速，从数年前全套技术都要依赖国外进口，到现在已发展出一批具有自主知识产权的减排技术，但目前大多技术仍处于前期研究阶段，进入工业示范阶段的技术少，能成体系大规模应用的成熟技术更是明显不足。此现象的产生主要有两方面原因，一是非二氧化碳温室气体深度减排的技术难度高，且缺乏较为理想的替代物。部分气体在不久前还属于"清洁"物质，如 CH_4 因其含氢比例高，被认为是比煤炭更清洁的燃料；HFCs 则作为危害更大的臭氧层消耗物质（ODS）的替代物被应用于工业过程。二是我国经济社会迅速发展，在短短几十年内实现了多个阶段的跃迁，国家和社会的需求也在不断转变。而对于科技研究而言，一项技术从诞生到成熟往往也需要几十年的时间。我国实现"双碳"目标时间紧、任务重的形势，对科学技术人员提出了更高的要求。要想真正实现非二氧化碳温室气体的高效管控，需要的不仅仅是单项技术的散点态应用，更需要整合行业和社会的力量，成体系地构筑减排技术网络和配套基础设施。这对于我国非二氧化碳温室气体减排技术的发展现状而言，还是一个比较长远的目标。

3. 非二氧化碳温室气体减排技术缺乏资金支持和普遍关注。由于在全球范围内实现低碳转型和减排管控需要大规模资金投入，因而发展气候投融资已成为国际共识。目前我国气候投融资体系尚不完善，主要体现在机制不完善、银行向气候投融资项目提供融资动力不足，以及企业对相应技术投资不足等方面，这难以为国家、地方减排目标的达成提供有力的资金支撑。"十三五"以来，我国报告的温室气体排放数据主要集中在涉及 CO_2 排放权交易的八大行业，而对非二氧化碳气体排放相关数据的报告要求并没有落实到位。同时，我国碳排放交易体系针对的主要是 CO_2 排放配额，针对非二氧化碳温室气体排放的强度限额和总量控制目标尚为空白，故而不存在非二氧化碳温室气体排放配额的相应交易，难以开展强力监管措施。此外，相当一部分企业的观念尚未转变，对减排技术的投资和应用积极性不高。内生的自主减排需求的缺乏，以及外部政策激励、资金支持等长效机制的缺失，造成目前国内企业参与非二氧化碳温室气体减排的积极性普遍不高。另一方面，对非二氧化碳温室气体减排问题的科学普及也尚未成熟，即使是专业技术人员对其认知也相对缺乏，非专业的社会公众的减排意识就更加薄弱。以基础教育为例，对气候变化的关注和温室气体减排的重要性已经编入了义务教育课本，但其内容主要关注 CO_2 以及臭氧层消耗物质（如氟利昂）等相对传统的概念，对于非二氧化碳温室气体的关注甚少。

此外，科学认知的缺乏也会加剧企业和个人对非二氧化碳温室气体减排的忽视，影响资金、资源投入力度，进一步导致技术发展不充分，推高减排技术的运行成本。

8.2　国际非二氧化碳温室气体减排主要做法

8.2.1　甲烷

1. 欧盟

欧盟委员会于 2020 年 10 月发布的《欧盟甲烷战略》提出要强化当前 CH_4 减排政策，实现到 2030 年欧盟 CH_4 排放量比 2005 年下降 35%～37% 的目标[154]。2021 年 12 月 15 日，欧盟委员会又发布了《欧洲议会和理事会制定关于能源部门甲烷减排的条例和修订（欧盟）2019/942 号条例的提案》，进一步明确了能源部门的减排目标，提出到 2030 年，能源部门的 CH_4 排放比 2020 年减少约 58%[155]。由于欧盟 CH_4 排放量仅占全球总量的 7% 左右，其能源领域的 CH_4 排放比重仅为 21.7%（油气 12.8%，煤炭 8.9%），尚不及农牧业的一半，且少于废弃物处理领域[156]，这使得欧盟在全球 CH_4 减排行动中占据天然优势，可侧重于利用其油气买方市场地位，强化对油气出口国家或企业实施 CH_4 排放监管，创建多个监测平台、数据库等。在油气领域，欧盟还强调了对泄漏的检测和维修（Leak Detection and Repair，LDAR），明确了禁止放空和火炬的范围，并且对不活跃的油气井进行监测。在煤炭领域，欧盟要求各成员国对已关闭和废弃的煤矿建立清单，安装测量装置，根据地质条件的限制、环境因素和技术可行性制定自己的减排计划；要求经营中的煤矿对通风井、抽放站等进行连续测量和量化，对露天煤矿要应用排放因子。欧盟还提出，从 2030 年 1 月 1 日起，除特殊情况外，禁止相关设备的放空和火炬[155]。

在农业方面，欧洲的减排思路是规范引导农业控排、激励绿色生产、推动技术创新[156]。具体措施包括：开展食品全生命周期 CH_4 排放分析；制定最佳实践和可用技术的清单，推动技术创新；促进农业减排固碳技术的应用；考虑将部分畜牧业纳入工业排放指令监管范围；基于自然的解决方案，改变饮食和动物饲喂方案、重视生物天然气的生产和利用等[155]。其中，动物圈舍的尾气管末处理技术是目前较为热门的非二氧化碳温室气体农业减排技术[157]。该技术主要通过使用空气洗涤设备来降低气流中温室气体含量。目前此类技术在荷兰已有 25 年的应用历史，在德国、丹麦等其他国家也有较多应用，2007年荷兰和德国已安装 1 500 例左右[158]。该类技术发展较快，具有经济可行性，因而被纳入了 2017 年欧盟综合污染预防与处理局（European Integrated Pollution Prevention and Control Bureau）发布的《禽类和生猪集约饲育的最佳技术参考清单（Best Available Techniques Reference Document for the Intensive Rearing of Poultry or Pigs）》[159]。类似的 CH_4 减排技术还包括粪浆真空清理系统、粪浆存储仓刚性密封技术、氨态氮生物处理技术、粪水酸化技术等，这些技术在西班牙、丹麦等国的实际测试中都展现了良好的 CH_4 减排能力。

在废弃物处理方面，2018 年，欧盟城市废弃物通过填埋方式处理的比例约占 24%，填埋比例偏高的成员国大部分都是由于法律制度缺失和投资短板而用此方式进行处理。为了进一步减少废弃物处理中的 CH_4 排放，欧盟近期对废弃物法规进行了修订，提出到 2024 年要实现可降解废弃物全部分类收集，以及到 2035 年废弃物垃圾填埋比率不超过 10% 的目标，并限制或取缔不合规垃圾填埋场的运行，对于垃圾填埋气则要求最大程度实现能源利用，不具有利用价值的填埋气则推荐借助热点网格识别等技术及时发现，并采用生物氧化技术对残留的 CH_4 进行中和，从废弃物处理的末端尽量减少填埋气导致的 CH_4 排放。

2. 美国

根据美国政府提交的《2050 净零排放战略》（The Long-Term Strategy of the United States: Pathways to Net-Zero Greenhouse Gas Emissions by 2050），在不减少基础活动的情况下，美国所有领域的非二氧化碳温室气体减排总技术潜力约为 35%。鉴于化石燃料在提取、加工和最终使用中的 CH_4 排放之间的关系，通过提高效率和燃料转换减少化石燃料的使用也有可能进一步将非二氧化碳温室气体排放量降低 19%。这些反映了美国可以使用多种技术选项来实现非二氧化碳温室气体排放量的必要减少，从而到 2050 年达到净零总排放量。

美国能源方面的逃逸性 CH_4 排放来自石油和天然气部门以及煤矿部门的作业。根据美国《2050 净零战略》估计，以 100 美元 $/t\ CO_2$-eq 计算，美国在能源方面的 CH_4 减排潜力为 1.44 亿 $t\ CO_2$-eq，约占 2030 年能源部门非二氧化碳温室气体排放的 43%，是实现 2050 年减排目标的重要来源。美国政府在能源方面采取了多种举措来减少 CH_4 的排放。2014 年美国政府颁布了迄今为止覆盖领域最为广泛的国家层面 CH_4 减排战略，其中就包括煤炭生产行业和石油与天然气开采行业。

煤炭是美国重要的能源之一。2010 年，煤炭开采所产生的 CH_4 排放量占全美 CH_4 排放总量的 9%，预计到 2030 年，这个占比将增加至 16%，达到 0.78 亿 $t\ CO_2$-eq。到 2030 年，美国预计减少 0.35 亿 $t\ CO_2$-eq 的 CH_4 排放，即煤炭开采基线排放量的 44%（数据来自美国长期减排战略）。

在煤炭行业 CH_4 减排政策方面，美国"温室气体报告计划"（GHGRP）是一项强制性温室气体报告计划，设立于 2010 年，由美国环境保护署管理。自 2011 年以来，煤炭行业每年都根据 GHGRP 进行报告。GHGRP 获得了美国《清洁空气法案》和美国《2008 年综合拨款法案》两项立法行动支持。

石油和天然气行业是美国人为 CH_4 排放的主要来源之一。2010 年，石油和天然气行业所产生的 CH_4 排放量占全美 CH_4 排放总量的 23%，为 1.4 亿 $t\ CO_2$-eq。美国环境保护署估计，美国石油和天然气行业减排 CH_4 的潜力可达 1.41 亿 $t\ CO_2$-eq，约占 2030 年美国石油和天然气行业 CH_4 预计排放量的 45%。

减少石油和天然气行业的 CH_4 排放是美国实现 2030 年 CH_4 排放量减少 40% 目标中最有影响、最具成本效益和技术可行的途径。美国环境保护署研究显示，只要将现有的最佳实践规则应用于所有地区，就可以在没有额外成本的情况下将排放减少一半。如果同时考虑天然气需求的减少，油气部门将会在现有水平上减少高达 75% 的 CH_4 排放，相当于比 2005 年的水平减少了 66%。

2015 年美国政府制定了针对石油和天然气行业在 2025 年 CH_4 排放量相比 2012 年减少 40% 至 45% 的目标。2016 年 5 月，美国环境保护署制定了首个针对新建或改造后的石油与天然气生产设备的排放标准，为现有 CH_4 排放来源制定排放标准迈出了第一步。

2021 年，美国政府先后推出了《甲烷废气缩减法案》（Methane Waste Prevention Act of 2021，H. R. 1492）、《美国甲烷减排计划》（U.S. Methane Emissions Reduction Action Plan）等一系列针对 CH_4 的减排转型规划，其重建投资议程（Build Back Better）中也包含了如封堵孤立油气井、修复废弃煤矿、补贴农业 CH_4 减排等一系列 CH_4 减排措施。《甲烷废气缩减法案》主要针对油气部门，要求在 2025 年将其 CH_4 排放减少至 2012 年排放数值的 65% 以下，在 2030 年降至 90% 以下，同时也对 CH_4 排放测量、报告及数据透明度提出了强制性要求。"甲烷减排计划"服务于 COP-26 会议上美国等 100 多个国家共同签署的"全球甲烷承诺"（Global Methane Pledge），旨在到 2030 年使 CH_4 排放水平比 2020 年时低 30%。该计划涉及油气、废弃物处理、煤矿、农业、工业以及建筑楼宇排放等各个部门，对 CH_4 气体的温升、污染和对人体危害进行了详细的分析，阐述了其减排独特的短期收益，并按照排放源大小顺序总结了美国各行政部门推出的相应规划。

美国近年来颁布的针对 CH_4 减排的政策如表 8-1 所示。

表 8-1　美国 CH_4 减排政策

发布时间	发布机构	政策名称	具体内容
2014 年	美国能源部高级能源研究计划署（ARPA-E）	"MONITOR 计划"	改进石油和天然气行业 CH_4 排放的测量和检测方法，已投资 3000 万美元来帮助降低监测和量化天然气泄漏的成本
2016 年 4 月	美国环境保护署	"甲烷挑战计划"（Methane Challenge Program）	支持工业和科研界的一系列自愿性计划，通过奖励表现突出者的方式来鼓励和协调相关行业 CH_4 减排方案的研究
2016 年 6 月	美国、加拿大、墨西哥三国政府	"北美气候、清洁能源和环境伙伴行动计划"（North American Climate, Clean Energy, and Environment Partnership）	承诺到 2025 年将油气 CH_4 排放减少 40%～45%，该行动计划鼓励石油和天然气公司加入国际行动，例如气候与清洁气联盟（CCAC）石油和天然气 CH_4 伙伴关系和全球 CH_4 倡议

续表

发布时间	发布机构	政策名称	具体内容
2021年3月	美国国会	《甲烷废气缩减法案》（Methane Waste Prevention Act of 2021）	要求油气部门在2025年将CH_4排放量减少至2012年排放数值的65%以下，在2030年降至90%以下。对CH_4排放测量、报告及数据透明度提出了强制性要求
2021年11月	美国白宫国内气候政策办公室	"美国甲烷减排计划"（U.S. Methane Emissions Reduction Action Plan）	服务于"全球甲烷承诺"（Global Methane Pledge），旨在到2030年使CH_4排放水平比2020年时低30%。该计划涉及各个部门及相应规划

3. 澳大利亚

在能源活动方面，澳大利亚是以煤炭为主要一次能源的国家，煤炭储量居世界第三。澳大利亚也是世界第三大化石燃料出口国，其煤炭出口量居世界第二，液化天然气出口量为世界第一。澳大利亚在煤炭行业实现CH_4减排的技术包括：①利用CH_4发电，产生的电能既可以为煤炭开采本身利用，也可以向电力公司销售；②将CH_4提供给工业用户，用于燃料、供热；③进行风排CH_4的减排。在化石燃料方面，澳大利亚政府持续关注碳捕集、利用和封存（CCUS）技术，利用该技术降低化石燃料的排放强度，并使化石燃料能够持续用于生产清洁氢能源。

2007年澳大利亚政府发布的《国家温室气体和能源报告法案》（National Greenhouse and Energy Reporting Act，NGER Act），建立了一个国家性框架，要求澳大利亚企业报道温室气体排放量和能源消耗量，涉及CH_4、N_2O和含氟气体等非二氧化碳温室气体（不含NF_3）。NGER法案于2014年进行了修订，以建立一个保障机制，要求澳大利亚温室气体排放量较大的机构将其净排放量保持在基线或排放限值以下。

在农业方面，澳大利亚政府计划在六年内拨款3 070万美元，支持创新性畜饲料技术的开发和部署：其中拨款600万美元的"畜牧业甲烷减排计划"（Methane Emissions Reduction in Livestock）支持研究畜牧业饲料技术的减排潜力和生产力效益。拨款 2 300 万美元的"大规模放牧动物低排放补充计划"（Low Emissions Supplements to Grazing Animals at Scale）将有助于开发相关技术，为放牧动物提供低排放饲料。另有 170 万美元的拨款将帮助扩大改良饲料中红海藻的生产。澳大利亚政府、工业界和大学还投资 2.7 亿美元建设新的海洋生物产品合作研究机构，旨在研发高蛋白海藻用作低排放牲畜饲料。

在废弃物方面，澳大利亚可再生能源署（ARENA）和澳大利亚清洁能源金融公司（CEFC）正在与企业共同投资能够将城市和工业废物转化为能源和有价值产品的技术。这将创造新的收入来源，同时减少垃圾填埋场的气体排放。技术包括废物能源生成（Energy-from-Waste）和生物 CH_4 生产。由 CEFC 管理的澳大利亚回收投资基金（Australian Recycling Investment Fund）是澳大利亚国家废物政策和行动计划的重要组成部分。该计划正在指导国家对可减少废物排放的回收利用和其他技术的投资。

4. 加拿大

在能源活动方面，为了更准确测量非二氧化碳温室气体的排放，加拿大政府已经启动了科研项目来更好地估算非二氧化碳温室气体的排放来源，包括开展大气测量活动，研发新的测量技术，例如红外成像。使用自上而下和自下而上的评估将有助于更好地了解石油和天然气来源中的 CH_4。加拿大政府已承诺到 2025 年，石油和天然气部门的 CH_4 排放量将比 2012 年的水平减少 40% 至 45%。为履行这一承诺，加拿大还批准了世界银行的"到 2030 年零日常燃烧"（The Zero Routine Flaring by 2030）倡议。加拿大政府一直在与各省、地区、行业、非政府组织和土著人民就制定联邦监管方法进行磋商。

2016 年加拿大、美国和墨西哥一同发布了"北美气候、清洁能源和环境伙伴行动计划"（North American Climate, Clean Energy and Environment Partnership, NALS）领导人声明，加拿大根据声明最近做出了一些重大承诺，与其他国家一起推进各种减排事项，包括承诺制定和实施国家 CH_4 战略，考虑如何从 CH_4 排放关键来源解决 CH_4 问题，并指出改进排放量化的重要性。

加拿大近年来针对石油和天然气行业 CH_4 减排的举措如表 8-2 所示。

表 8-2　加拿大石油和天然气行业 CH_4 减排举措

时间	具体举措	具体说明
2016 年	与美国、墨西哥一同发布"北美气候、清洁能源和环境伙伴行动计划"（North American Climate，Clean Energy and Environment Partnership，NALS）的领导人声明	与其他国家一起推进各种减排事项，包括承诺制定和实施国家 CH_4 战略，考虑如何从 CH_4 排放关键来源解决 CH_4 问题，并指出改进排放量化的重要性
2018 年 4 月	联邦政府出台了目前世界上最全面的油气行业上游 CH_4 排放管理法规	对油气行业 CH_4 监测、绩效标准等方面做出了详细的规定
2020 年	进一步修订和发布了指令 017 和指令 060 两个指令来强化减排	指令 017：美国石油和天然气操作的测量要求；指令 060：上游石油工业染除、火炬和放空。特别是在指令 060 中，明确了各个环节的具体要求
2015 年 11 月	开始运营 Shell Quest 项目	将碳捕集和封存（CCS）技术用于捕获蒸汽 CH_4 重整装置的排放物，每年能从 Shell Scotford 蒸汽 CH_4 重整器中捕获和封存 100 万 t CO_2

5. 英国

在农业方面，英国政府将出台一系列措施支持农业活动的脱碳，包括向农民提供更多的资金来鼓励他们采用低碳的农业实践技术。英国政府计划出台一系列具有针对性的财政激励措施，以改善牲畜健康和待遇，并减少牲畜的温室气体排放，包括从 2022 年年底到 2023 年年初开始试点的识别和消除牛病毒性腹泻（Bovine Viral Diarrhoea）行动。英国政府于 2021 年启动了农业投资基金（Farming Investment Fund），支持低碳农业和技术创新，投资设备、技术和基础设施以提高盈利能力、造福环境并支持减排。从 2022 年起，政府还将为粪便泥浆（Slurry）存储与处理措施提供更多资金支持，目的是减少主要造成农场排放污染气体的粪便泥浆中的硝酸盐和氨污染物，进一步减少 CH_4 排放，保护和恢复栖息地。

在废弃物方面，英国政府制定的《资源和废弃物战略》（Resources and

Waste Strategy，RWS）确定了废弃物行业的总体目标和发展方向。它承诺将城市废弃物回收率提高到 65%，并确保到 2035 年不超过 10% 的城市垃圾被填埋。由于当前送到垃圾填埋场的可生物降解垃圾会在厌氧条件下缓慢分解，在多年之后排放 CH_4，因此英国政府计划采取更快的行动，预计到 2028 年实现几乎完全取消填埋可生物降解城市垃圾，将投入 2.95 亿英镑促使英格兰地区从 2025 年开始为所有家庭部署免费的食物垃圾收集设施。

6. 日本

日本政府通过改良和推广 CH_4 排放较低的水稻品种，使用减少温室气体排放的饲料，改进牲畜粪便管理以减少厌氧发酵，对家畜使用基因评估以提高牲畜的遗传能力来减少 CH_4 排放。日本政府将推动建设利用人工智能、信息通信技术和其他技术来进行整体监测和减少温室气体排放的生产系统。在畜牧业方面，政府开发、传播和推广减少温室气体排放的技术，例如使用减少温室气体排放的饲料和信息通信技术的改进管理系统，改进牲畜粪便管理以减少厌氧发酵。对家畜使用基因评估以提高牲畜的遗传能力，在每个产品以及整个行业两个层面都实现温室气体减排。政府制定了到 2040 年建立农林机械和渔船电气化加氢技术的目标。通过这些措施，政府希望到 2050 年实现农业、林业和渔业的 CO_2 净零排放。

7. 南非

在废弃物方面，南非环境事务部（DEA）于 2009 年颁布了《国家环境管理：废弃物法案》（National Environmental Management：Waste Act，NEM：WA）。为了在国家建立完全一体化的废弃物处理管理实践方面提供进一步的政策指导，南非环境事务部于 2012 年制定了《国家废弃物管理战略》（National Waste Management Strategy，NWMS）。该战略采用国际公认的废弃物避免和减少、再利用、循环利用、回收、处理和处置的废弃物管理层次结构。根据该管理层次结构提供的优先顺序实施活动可能有助于减少材料生命周期的排放，其中包括尽量减少废弃物产生，尽量减少在生产中产生废弃物，避免在废弃物运输到垃圾填埋场过程中的温室气体排放。减少送往垃圾填埋场的可回收废物的数量，通过在大都市实施源头分离计划以及在收集废物后建立材料回收设施（Material Recovery Facilities，MRF）等措施，避免在有机物的情况下垃圾填埋场 CH_4 的产生。

8.2.2 氧化亚氮

1. 欧盟

欧盟 N_2O 减排措施的效果是比较显著的。欧洲环境署的数据显示，1990—2012 年，N_2O 的排放量下降了 36%。目前欧盟 N_2O 最主要的排放源来自农业，分析 2012 年欧盟 28 国温室气体排放数据可知，农业的 N_2O 排放占比为 81%[160]，农业相关的减排技术也因而数目众多。针对牲畜养殖的一些减排措施包括：通过低蛋白质饲喂来降低牲畜粪便中的氮含量，从而减少处理过程中的 N_2O 排放；设计新型多功能圈舍，将粪便及时转移及烘干；使用气密性封盖，以阻止粪浆中纤维组分在储存时分解等[159]。针对农田减排的措施包括：使用有机粪肥代替无机化肥，以减少化肥生产和有机肥处理压力；优化施肥时间，减少氮淋溶量和 N_2O 间接排放量；提升肥料效率，如单层施用、保留无肥区、优化肥料分布区域等，来降低肥料使用量；调节草地地下水位，从而减少土壤排放；限制放牧，转用圈舍等[161, 162]。上述部分技术有望在减排 N_2O 的同时，实现 CH_4 和 NH_3 的协同减排，但也有部分技术将造成其他管控气体排放的增加。同样，其他气体的减排技术也可能会造成 N_2O 排放的增加。因此，设计多气体、多技术的协同减排流程，将更适合长期应用。

在工业方面，将硝酸等产品生产过程中产生的 N_2O 催化还原至氮气和水是行之有效的一个减排措施[161]。相比设计低排放的氨氧化反应装置（硝酸生产装置）、N_2O 热分解等其他备选技术而言，催化分解的技术可行度更高，目前已有多家知名化工企业（如：Johnson Matthey、BASF、Clariant 等）已实现了相关催化剂的商业化生产[163]。燃料燃烧也会产生 N_2O 排放，其排放量受工艺参数影响较大，如在大型燃烧装置中，不同种类的燃煤、工况温度、停留

时间等都会影响 N_2O 排量[164]。其相应的减排措施包括：通过减少空气泄漏、高效设计炉腔等手段，减少完全燃烧时所需 O_2，将氧过量降至最小；在不使用催化剂的条件下，使用 NH_3 或者尿素选择性还原氮氧化物（Selective Non-catalytic Reduction，SNCR），其中，使用氨几乎不产生 N_2O，但直接将尿素注入锅炉中会有 N_2O 生成，因而需要将其注入燃尽气流中；在燃烧仓中开辟含氧量不同的多个区域，将燃烧分段完成；一些仍在实验开发阶段的技术，如锅炉中加入催化剂等。

欧盟废弃物处理部门的 N_2O 排放总量不大[160]，受到的关注也相对略少，这里以化学工业中废水废气的处理技术为例进行简单介绍。废水的减排技术主要针对硝酸盐的去除和回收，如德国生产 CuZn、Ni 和 CuCr 催化剂的大型化工企业，通过预处理、反渗透、蒸发和结晶流程，以硝酸钠形式回收其中的硝酸盐（NITREA® 流程）[165]。而对废气中 N_2O 的处理主要利用非选择性催化还原（Non-selective Catalytic Reduction，NSCR）技术。得到广泛应用的选择性催化还原技术（Selective Catalytic Reduction，SCR）在转化 NO_x 的同时，可能会产生 N_2O，尤其是在催化剂使用时间较长以及钒含量较高时。而非选择性催化还原技术则对 N_2O 也同样起到较好的减排效果[166]。

2. 美国

如上文所述，硝酸和己二酸的生产会导致 N_2O 排放成为副产品。美国政府预估到 2030 年约 2/3 的 N_2O 排放将来自于己二酸生产，因其高需求进而驱动了生产增长，而硝酸生产则占约 1/3。

针对硝酸和己二酸产生的 N_2O 的减排，美国采取的技术手段主要是 N_2O 的催化分解以及热破坏。美国政府预估硝酸和己二酸生产中 N_2O 副产物的减排潜力将占到 2030 年美国 N_2O 排放总量的 62%，并且到 2050 年仍然是实现 N_2O 减排的重要来源。

在农业领域，为了解决 N_2O 问题，美国农业部提倡有效的氮素管理，通过正确的时间、正确的肥料类型、正确的位置和正确的数量等，减少过度施用和流入水道的氮素流。这些技术将使农民能够在保持农作物产量的同时减少化肥的开支。美国通过改变肥料管理方法以提高植物吸收氮的效率来减少 N_2O 排放。具体实践包括精准农业、使用硝化抑制剂以及将年度应用分为季节性应用。

在废弃物处理方面，垃圾填埋是美国废弃物处理中非二氧化碳温室气体的最大产生源，污水处理是美国废弃物处理中非二氧化碳温室气体的第二大产生源。美国控制垃圾填埋场排放的方案主要是：收集垃圾填埋气以燃烧或综合利用，以及加强垃圾回收和再利用。

美国采用如厌氧生物质消化器和集中式废水处理设施来减少废水处理中的 CH_4。它通过改进处理方法，例如在处理过程中控制溶解氧水平或限制操作系统故障来减少废水处理中的 N_2O 的排放。

3. 加拿大

在工业生产过程中，加拿大己二酸生产工厂利用经过验证的商业化技术，包括使用催化和热破坏技术，使得还原效率在 90% 到 99% 之间。硝酸厂通过使用非选择性催化还原技术和选择性催化还原技术可以将 N_2O 的排放量减少 90% 左右。

在农业生产过程中，针对使用肥料可能产生的 N_2O 排放，加拿大政府采取的技术手段如下：

（1）施肥技术：根据植物需要调整施肥量；在植物根部附近施肥；更频繁地施肥而不是一次施肥；使用缓释形式以限制土壤中的氮。

（2）高科技技术：生物工程；精准农业；传感器、机器人技术；自动化数据采集和传输。

（3）其他方法：增加使用豆类作为氮源；使用覆盖作物去除多余的可用氮；减少夏季休耕的使用以及调整耕作强度。

加拿大政府进行初步尝试的部分结果表明，当采用优化的营养管理方法时，N_2O 的排放量将大大减少。加拿大政府鼓励继续采用营养管理方法，例如土壤养分检测、优化施肥时间、掺入固体和液体肥料以及增加肥料储存能力，继续提高产量，同时最大限度地减少该行业的排放。

8.2.3 含氟气体

1. 欧盟

欧盟对含氟气体的管控启动较早，早在 1990 年就开展了对含氟气体排放量的统计工作。在随后的 20 年中，CH_4 和 N_2O 减排效果显著，但含氟气体排放量猛增，尤其是 HFCs[160]。因此，欧盟禁止了某些 HFCs 和其他含氟气体的使用，严格防止产品泄漏，并确保在产品使用寿命终止时予以正确处理。此外，欧盟还在与其他国家、环保组织、化工企业和设备制造商探讨高 GWP 值的 HFCs 淘汰事宜[167]。

欧盟《汽车空调指令（2006/40/EC）》规定，从 2011 年起，新生产的小汽车和商务车中将不能使用 GWP 值超过 150（含）的温室气体作为冷却剂。从 2018 年起，这一限制将扩展到所有新生产的汽车。欧盟《正确处理使用寿命到期车辆的指令（2000/53/EC）》中规定，必须收集并正确处理废弃的汽车空调[160]。此外，随着原铝生产中释放的 PFCs 加入欧盟排放交易体系，一小部分半导体行业生产商签订了自愿协议，计划到 2010 年时将 PFCs 排放量在 1995 年的基础上减少 10%。实际上，半导体行业在这一时期内实现了 41% 的绝对减排量[160]。

上述措施有效地控制了欧盟含氟气体排放量的增长，但不足以实现到 2030 年减排 40% 温室气体的目标[160]。因此在 2014 年，欧盟通过了新的含氟气体法规以替代 2006 年的版本，新法规要求自 2015 年起限制欧盟内部氢氟烃销售量，到 2030 年将其销售量减少到 2015 年水平的 1/5 左右。对于多种类型的新设备，若可以采用替代物，则严禁使用含氟温室气体，同时严禁现有设备的含氟气体泄漏[167]。预计到 2030 年，该法规将减少大约 70 Mt CO_2-eq 的排放量，使欧盟含氟气体的排放量减少 60%（相对于 2005 年排放量）。

2. 美国

为了逐步减少 HFCs 的生产和进口，按照 2020 年美国创新与制造（AIM）

法案，美国环境保护署（EPA）于 2021 年 9 月确定了一项规则，即通过配额分配和交易计划逐步减少 HFCs 的排放。预计到 2036 年，这项规则可以有效地将美国 HFCs 的生产和进口量减少 85%，这与《基加利修正案》中规定的减少计划相同，预计到 2050 年将减少超过 45 亿 t CO$_2$-eq 的 HFCs。在采取这些监管措施的同时，白宫宣布了一系列私营部门对减少 HFC 使用的承诺。据估计，私营部门的承诺和美国的行政行动相结合，将减少国内对 HFCs 的依赖，并有助于在 2025 年前将全球累计 HFCs 消费量减少 10 亿 t CO$_2$-eq 以上。

为解决现有的冰箱和空调库存问题，美国环境保护署通过有针对性的合作计划，如 Greenchill 计划，旨在帮助减少或消除各种类型的含制冷剂设备的 HFCs 泄漏，该计划还与食品零售商合作，降低制冷剂充注量并解决制冷剂泄漏问题。美国环境保护署还通过扩大合作计划，如负责任的家电处理计划（Responsible Appliance Disposal Program），通过确保回收、再生或销毁制冷剂和泡沫，正确处理家电来防止 HFCs 排放。2016 年 9 月，环保局还制定了一项法规，该法规将加强现有的制冷剂管理要求，并将安全使用、再利用和处理要求扩展到 HFCs。

为了部署现有 HFC 的下一代低 GWP 替代品，在奥巴马政府执政期间，美国宣布了一系列减排 HFCs 的行政行动。根据重要新替代品政策（SNAP），环保局列出了用于气溶胶、吹泡、制冷和其他部门的可接受的替代品。在 2015 年和 2016 年，环保局最终出台了法规，即禁止在拥有更安全和更有利于环境保护的替代品的领域使用某些 HFCs 和含 HFCs 的混合物。

美国加入《基加利修正案》，逐步减少 HFCs 的生产和消费，并承诺到 2036 年将 HFCs 的生产和消费逐步减少 85%。美国还致力于减少短期气候污染物的气候和清洁空气联盟（CCAC）合作，促进气候友好型的 HFCs 替代品和标准的产生。美国政府将提供额外的研发支持以确保 HFCs 的替代品可以持续进入市场。

3. 加拿大

在工业领域中，数家加拿大公司和他们的最终客户已经开始研发创新技术以从当前的 HFCs 相关技术中过渡，并有机会在非 HFCs 技术的发展中发挥带头作用。例如，一些加拿大超市正在改造他们的制冷系统，以便能够使用GWP 值非常低的制冷剂，这种制冷剂更节能，并且可以显著地节省成本。例如，SObeys 已将其 70 多家门店的原有技术改为气候友好型的本土创新技术，并计划将此类改造推广到其在全国的 1 300 家门店。

在加拿大的主要汽车制造商已开始使用气候友好型替代品而非 HFCs 来制造新车型的空调设备，这也有助于提高能源效率。例如，在某些应用场景，使用气候友好型制冷剂和技术替代 HFCs 可以将能源效率提高 50%。加拿大政府计划在 2016 年年底之前公布拟议的加拿大逐步减少 HFCs 监管措施，包括禁止制造和进口含有或设计含有 HFCs 的产品和设备。

4. 日本

在工业方面，由于日本工业部门的自愿行动计划，日本已经实现了针对PFCs、SF_6 和 NF3 的高水平排放控制；对于 HFCs，日本政府执行以下措施进行减排：从 RAC 设备中回收和妥善管理碳氟化合物；稳步执行《基加利修正案》；预防 RAC 设备使用中的碳氟化合物泄漏；采取措施推广使用绿色制冷剂的制冷和空调（RAC）设备。根据《基加利修正案》，日本政府计划到 2036年将 HFCs 的生产和消费量比参考值（2011—2013 年平均值加上氢氯氟烃参考值的 15%）减少 85%。

日本政府将采取措施推广使用绿色制冷剂的制冷和空调（RAC）设备，积极利用《合理使用和妥善管理碳氟化合物法》（2001 年第 64 号法案）中规定的指定产品框架，通过扩大指定产品清单并审查目标值推广市场上已有的使用绿色制冷剂的 RAC 设备。易燃和轻度易燃的制冷剂目前在市场使用上面临一些挑战，日本政府在考虑到这些制冷剂特性的情况下，促进使用此类制冷剂的空调设备的开发和推广。日本政府还将支持开发超低 GWP 的制冷剂，这将有可能引领全球使用绿色制冷剂 RAC 设备。

为有效预防 RAC 设备中的碳氟化合物泄漏，在空调设备从使用碳氟化合物转向低 GWP 制冷剂和无氟制冷剂的过渡时期，日本政府将继续采取相关技术手段以及政策措施，例如坚持执行《碳氟化合物合理使用和妥善管理法》中规定的设备定期检查；使用物联网技术；改进泄漏水平检测；综合管理设备、制冷剂和用户信息等。

为实现从 RAC 设备中回收和妥善管理碳氟化合物的目标，日本政府推进《碳氟化合物合理使用和妥善管理法》，该法案要求 RAC 设备使用者、废弃物回收机构、碳氟化合物回收单位等利益相关方之间，相互协调并核实有关碳氟化合物制冷剂的信息，确保设备废弃时制冷剂被成功回收。日本政府亦致力于减少设备处置时未成功回收的制冷剂数量，通过改进回收技术最大限度地提高回收率。由于《基加利修正案》要求逐步减少 HFCs 的消费和生产，市场上可能出现制冷剂供应暂时短缺的现象，日本政府将努力建立循环经济体系，使制冷剂能够回收、再循环和闭环重复使用，同时追求在使用过程中制冷剂的零泄漏。

8.3　我国非二氧化碳温室气体减排技术发展建议

1. 加强统筹协调，推进对非二氧化碳温室气体的综合管控。强化顶层设计，综合考虑非二氧化碳温室气体减排的安全、环境、经济和气候效益，统筹制定能源、农业、工业、废弃物处置等部门排放控制战略。加强 CH₄ 等非二氧化碳温室气体对气候系统影响和减排路径的研究，明确重点行业 CH₄ 减排量化目标，鼓励油气排控联盟等制定行业减排标准。激励企业开展自愿减排，尽早将非二氧化碳温室气体利用纳入全国碳排放权交易市场，完善 CH₄、含氟气体等回收利用的配套政策，倡导居民绿色低碳生活方式，综合施策开展减排行动。

2. 强化非二氧化碳温室气体监测技术支撑，夯实排放数据基础。构建空天地一体化监测技术体系，加大监测技术攻关力度，发展高光谱遥感技术和智能化地面监测等技术。完善我国非二氧化碳温室气体排放监测、报告与核查标准体系，摸清排放底数，更新排放核算因子，优化数据核算方法，建立对重点排放源的数据报告机制，加强对非二氧化碳温室气体排放数据的评估和监管，提升数据的科学性和时效性。

3.完善非二氧化碳温室气体减排技术体系，适度超前部署技术攻关，加大应用示范力度。加强 CH_4 捕集与利用、含氟气体替代等技术部署，为深度减排做好储备。完善非二氧化碳温室气体排放的源头治理、过程控制、末端处置、综合利用技术体系，提升技术水平，降低技术成本。加大 CH_4、含氟气体等减排技术推广力度，在条件较好的地区建立减排科技示范工程，形成良好实践案例。

4.以 CH_4 等非二氧化碳温室气体减排科技交流为抓手，扩大国际合作。加强非二氧化碳温室气体监测技术、标准和数据的国际共享，与"一带一路"沿线国家共同开展 CH_4 减排技术装备研发与推广应用，借助推动中美、中欧以及金砖国家非二氧化碳温室气体减排科技交流，拓宽双边和多边合作领域，加大应对气候变化国际科技合作力度，提升全球气候变化治理的影响力。

参考文献

[1] United Nations. United Nations Framework Convention on Climate Change [R]. New York: UN, 1992.

[2] United Nations. Kyoto Protocol to the United Nations Framework Convention on Climate Change [R]. Nyoto: UN, 1997.

[3] United Nations. Decisions Adopted by the Conference of the Parties Serving as the Meeting of the Parties to the Kyoto Protocol [R]. Durban: UN, 2011.

[4] BASSO L, CROTWELL A, DOLMA H, et al. World Meteorological Organization Greenhouse Gas Bulletin [R]. 2021.

[5] United Nations. Montreal Protocol on Substances that Deplete the Ozone Layer [R]. Montreal: UN, 1987.

[6] United Nations. Amendment to the Montreal Protocol on Substances that Deplete the Ozone Layer [R]. Kigali: UN, 2016.

[7] 中华人民共和国生态环境部. 中华人民共和国气候变化第二次两年更新报告 [R]. 2018.

[8] IPCC Working Group I. Policymakers Summary in FAR Climate Change: Scientific Assessment of Climate Change [R]. 1990.

[9] SAUNOIS M, et al. The Global Methane Budget 2000–2017 [J]. Earth System Science Data, 2020, 12 (3): 1561–1623.

[10] SMITH C, NICHOLLS Z R J, K ARMOUR W, et al. The Earth's Energy Budget, Climate Feedbacks, and Climate Sensitivity Supplementary Material. In: Climate Change 2021: The Physical Science Basis. Contribution of Working Group I to the Sixth Assessment Report of

the Intergovernmental Panel on Climate Change［R］. 2021.

［11］ 张仁健，王明星，杨昕，等. 中国氢氟碳化物、全氟化碳和六氟化硫排放源初步估
算［J］. 气候与环境研究，2000，5（2）：175-179.

［12］ Abt Associates Inc., ICF International, RTI International. Global Non-CO_2 Greenhouse Gas
Emission Projections & Mitigation 2015-2050. Washington: United States Environmental
Protection Agency, Office of Atmospheric Programs（6207A）［R］. 2019.

［13］ 李俊峰. 做好碳达峰碳中和工作，迎接低排放发展的新时代［J］. 财经智库，2021，
6（04）.

［14］ CHEN D, ROJAS M, SAMSET B H, et al. Framing, Context, and Methods. In: Climate
Change 2021: The Physical Science Basis. Contribution of Working Group I to the Sixth
Assessment Report of the Intergovernmental Panel on Climate Change［R］. 2021.

［15］ Global Methane Pledge［R］. Glasgow: COP-26, 2021.

［16］ IPCC. 2006 IPCC Guidelines for national greenhouse gas inventories［M］. Kanagawa：The
Institute for Global Environmental Strategies, 2006.

［17］ 马翠梅，高敏惠，褚振华. 中国煤矿甲烷排放标准执行情况及政策建议［J］. 世界
环境，2021，（5）：47-49.

［18］ 刘文革，徐鑫，韩甲业，等. "碳中和"目标下煤矿甲烷减排趋势模型及关键技
术［J］. 煤炭学报，2022，47（1）：470-479.

［19］ KHOLOD N, EVANS M, PILCHER R C, et al. Global methane emissions from coal mining
to continue growing even with declining coal production［J］. Journal of Cleaner Production,
2020, 256: 120489.

［20］ 张徽，周蔚，张杨，等. 我国页岩气勘查开发中的环境影响问题研究［J］. 环境保
护科学，2013，39（4）：133-135，144.

［21］ 乔升民，乔君毅，谭支良. 反刍动物瘤胃甲烷生成机制及调控措施研究进展［J］.
中国草食动物科学，2014，34（1）：44-48.

［22］ 王坤，南雪梅，熊本海，等. 反刍动物瘤胃甲烷生产相关研究进展［J］. 动物营养
学报，2020，32（11）：5013-5022.

［23］ 李道义，李树君，景全荣，等. 牛粪厌氧发酵动力学模型研究［J］. 农业机械学报，
2013，44（S2）：117-123.

［24］ 杨茜，鞠美庭，李维尊. 秸秆厌氧消化产甲烷的研究进展［J］. 农业工程学报，

2016, 32（14）: 232-242.

［25］艾鹭，王永，文勇立，等. 厌氧发酵的分子调控及其应用研究［J］. 西南民族大学学报（自然科学版），2014, 40（5）: 672-679.

［26］陈瑞蕊，王一明，胡君利，等. 畜禽粪便管理系统中甲烷的产排特征及减排对策［J］. 土壤学报，2012, 49（4）: 815-823.

［27］IPCC Working Group I. Policymakers Summary in Climate Change: Scientific Assessment of Climate Change［R］. 2021.

［28］蒋静艳. 黄耀农业土壤 N_2O 排放的研究进展［J］. 农业环境保护，2001, 20（1）: 51-54.

［29］孙英杰，吴昊，王亚楠. 硝化反硝化过程中 N_2O 释放影响因素［J］. 生态环境学报，2011, 20（2）: 384-388.

［30］杨礼荣，竹涛，高庆先. 我国典型行业非二氧化碳类温室气体减排技术及对策［M］. 北京：中国环境出版社，2014.

［31］中国长期低碳发展战略与转型路径研究课题组，清华大学气候变化与可持续发展研究院. 读懂碳中和中国 2020—2050 年低碳发展行动路线图［M］. 北京：中信出版社，2021.

［32］杨越，陈玲，薛澜. 迈向碳达峰、碳中和：目标、路径与行动［M］. 上海：上海人民出版社，2021.

［33］朱峰，赵跃，宋玉梅，等. 六氟化硫排放核算及统计数据准确性评价研究［J］. 电子测试，2022, 36（006）: 24-36.

［34］HAUGLAND T. Best Practice Guidance for Effective Methane Management in the Oil and Gas Sector［R］. 2019.

［35］李政，孙铄，董文娟等. 能源行业甲烷排放科学测量与减排技术［R］. 2021.

［36］冯俊熙，陈多福. 垃圾填埋场甲烷排放监测方法研究进展［J］. 环境科学与技术，2014, 37（3）: 174-179.

［37］ANDERSON D E, FARRAR C D. Eddy covariance measurement of CO_2 flux to the atmosphere from a area of high volcanogenic emissions, Mammoth Mountain, California［J］. Chemical Geology, 2001, 177: 31-42.

［38］BABILOTTE A, LAGIER T, FIANI E, et al. Fugitive Methane Emissions from Landfills: Field Comparison of Five Methods on a French Landfill［J］. Journal of Environmental

Engineering, 2010, 136: 777–784.

［39］ SCHEUTZ C, SAMUELSSON J, FREDENSLUND A M, et al. Quantification of multiple methane emission sources at landfills using a double tracer technique［J］. Waste Manag, 2011, 31: 1009–1017.

［40］ 刘良云，陈良富，刘毅，等. 全球碳盘点卫星遥感监测方法、进展与挑战［J］. 遥感学报，2022，26（2）：243–267.

［41］ 刘毅，王婧，车轲，等. 温室气体的卫星遥感——进展与趋势［J］. 遥感学报，2021，25（1）：53–64.

［42］ FRIEDLINGSTEIN P, O'SULLIVAN M, JONES M W, et al. Global Carbon Budget 2020［J］. Earth System Science Data, 2020, 12: 3269–3340.

［43］ MAKSYUTOV S, TAKAGI H, VALSALA V K, et al. Regional CO_2 flux estimates for 2009–2010 based on GOSAT and ground–based CO_2 observations［J］. Atmospheric Chemistry and Physics, 2013, 13: 9351–9373.

［44］ WANG J, FENG L, PALMER P I, et al. Large Chinese land carbon sink estimated from atmospheric carbon dioxide data［J］. Nature, 2020, 586: 720–723.

［45］ BRONDFIELD M N, HUTYRA L R, GATELY C K, et al. Modeling and validation of on–road CO_2 emissions inventories at the urban regional scale［J］. Environmental Pollution, 2012, 170: 113–123.

［46］ GATELY C K, HUTYRA L R, WING I S, et al. A Bottom up Approach to on–Road CO_2 Emissions Estimates: Improved Spatial Accuracy and Applications for Regional Planning［J］. Environmental Science & Technology, 2013, 47: 2423–2430.

［47］ ANDRES R J, BODEN T A, BREON F M, et al. A synthesis of carbon dioxide emissions from fossil–fuel combustion［J］. Biogeosciences, 2012, 9: 1845–1871.

［48］ 蒋利超. 基于多源遥感数据的若尔盖高原湿地 CH_4（甲烷）排放变化研究［D］. 电子科技大学，2017.

［49］ 郝庆菊，王跃思，江长胜，等. 湿地甲烷排放研究若干问题的探讨［J］. 生态学杂志，2005，24（2）：170–175.

［50］ MUDULI L, MISHRA D P, JANA P K. Application of wireless sensor network for environmental monitoring in underground coal mines: A systematic review［J］. Journal of Network and Computer Applications, 2018, 106: 48–67.

［51］ DE MAZIÈRE M, THOMPSON A M, KURYLO M J, et al. The Network for the Detection of Atmospheric Composition Change（NDACC）: history, status and perspectives［J］. Atmospheric Chemistry and Physics, 2018, 18: 4935–4964.

［52］ 赵靓. 基于 GOSAT 卫星的大气 CO_2 和 CH_4 遥感反演研究［D］. 吉林大学，2017.

［53］ RAZAVI A, CLERBAUX C, WESPES C, et al. Characterization of methane retrievals from the IASI space–borne sounder［J］. Atmos. Chem. Phys., 2009, 9: 7889–7899.

［54］ 侯姗姗，雷莉萍，关贤华. 温室气体观测卫星 GOSAT 及产品［J］. 遥感技术与应用，2013，28（2）：224，269–275.

［55］ RUSLI S P, HASEKAMP O, AAN DE BRUGH J, et al. Anthropogenic CO_2 monitoring satellite mission: the need for multi–angle polarimetric observations［J］. Atmospheric Measurement Techniques, 2021, 14: 1167–1190.

［56］ ASHCROFT P, MOREL B. Limits of space–based remote sensing for methane source characterization［J］. IEEE Transactions on Geoscience and Remote Sensing, 1995, 33: 1124–1134.

［57］ LI C, FROLKING S, FROLKING T A. A model of nitrous oxide evolution from soil driven by rainfall events: 1. Model structure and sensitivity［J］. Journal of Geophysical Research: Atmospheres, 1992, 97: 9759–9776.

［58］ PINNSCHMIDT H O, BATCHELOR W D, TENG P S. Simulation of multiple species pest damage in rice using CERES–rice［J］. Agricultural Systems, 1995, 48: 193–222.

［59］ HUANG Y, SASS R L, FISHER J F M. A semi–empirical model of methane emission from flooded rice paddy soils［J］. Global Change Biology, 1998, 4: 247–268.

［60］ 李长生，肖向明，S FROLKING，等. 中国农田的温室气体排放［J］. 第四纪研究，2003，23（5）：493–503.

［61］ YOKOTA T, YOSHIDA Y, EGUCHI N, et al. Global Concentrations of CO_2 and CH_4 Retrieved from GOSAT: First Preliminary Results［J］. SOLA, 2009, 5: 160–163.

［62］ 王美飞，杨丽莉，胡恩宇，等. 直接进样 – 气相色谱质谱法同时测定固定污染源排气中的含氟温室气体［J］. 环境监控与预警，2017，9（4）：17–21.

［63］ 刘祥祥，黄海涛，高磊，等. 探究气相色谱法分析空气中的六氟化硫影响因素［J］. 中国设备工程，2020,（2）：168–169.

［64］ JIANG Y, VAN GROENIGEN K J, HUANG S, et al. Higher yields and lower methane emissions with new rice cultivars［J］. Glob Chang Biology, 2017, 23: 4728–4738.

［65］ SU J, HU C, YAN X, et al. Expression of barley SUSIBA2 transcription factor yields high-starch low-methane rice［J］. Nature, 2015, 523: 602–606.

［66］ QIAN H, HUANG S, CHEN J, et al. Lower-than-expected CH_4 emissions from rice paddies with rising CO_2 concentrations［J］. Glob Chang Biology, 2020, 26: 2368–2376.

［67］ WANG C, JIN Y, JI C, et al. An additive effect of elevated atmospheric CO_2 and rising temperature on methane emissions related to methanogenic community in rice paddies［J］. Agriculture, Ecosystems & Environment, 2018, 257: 165–174.

［68］ 陈丹丹，刁其玉，姜成钢，等. 反刍动物甲烷的产生机理和减排技术研究进展［J］. 中国草食动物科学，2012, 32（4）：66–69.

［69］ 冯宇，杜燕丽，张小龙. 长庆油田伴生气回收及综合利用［J］. 油气田环境保护，2012, 22（5）：14–18，79–80.

［70］ 崔翔宇，刘亚峰，代静，等. 我国油田伴生气回收与利用技术状况分析［J］. 石油石化节能与减排，2013, 3（5）：31–35.

［71］ 陈金华. 低浓度瓦斯蓄热氧化供热系统的应用研究［J］. 矿业安全与环保，2017, 44（2）：62–65.

［72］ 高鹏飞，孙东玲，霍春秀，等. 超低浓度瓦斯蓄热氧化利用技术研究进展［J］. 煤炭科学技术，2018, 46（12）：67–73.

［73］ 陈金华. 低浓度含氧煤层气提浓技术研究进展［J］. 矿业安全与环保，2017, 44（1）：94–97.

［74］ 郭昊乾，李雪飞，车永芳，等. 低浓度煤层气变压吸附浓缩试验研究［J］. 洁净煤技术，2016, 22（4）：132–136.

［75］ RAVI M, RANOCCHIARI M, VAN BOKHOVEN J A. The Direct Catalytic Oxidation of Methane to Methanol—A Critical Assessment［J］. Angewandte Chemie International Edition, 2017, 56: 16464–16483.

［76］ 薛明，范俊欣，李兴春，等. 油气生产过程中放空燃烧气的检测与回收利用现状［J］. 化工环保，2020, 40（3）：239–245.

［77］ 王兴睿，罗兰婷，赵靓，等. 气田放空天然气减排技术探讨［J］. 油气田环境保护，2013, 23（5）：65–67，85.

［78］ 张丰足，王静，李超. 放空天然气回收利用方法探讨［J］. 辽宁化工，2013, 42（2）：

154-155，163.

［79］ KANTER D, ALCAMO J, SUTTON M, et al. Drawing down N_2O to protect climate and the ozone layer ［R］. A UNEP Synthesis Report. 2013.

［80］ TIAN H Q, XU R T, CANADELL J G, et al.A comprehensive quantification of global nitrous oxide sources and sinks ［J］. Nature, 2020, 586（7828）: 248-256.

［81］ TIAN H Q, YANG J, XU R T, et al. Global soil nitrous oxide emissions since the preindustrial era estimated by an ensemble of terrestrial biosphere models: Magnitude, attribution, and uncertainty ［J］. Global Change Biol, 2019, 25（2）: 640-659.

［82］ 李迎春. 中国农业氧化亚氮排放及减排潜力研究 ［D］. 中国农业科学院，2009.

［83］ 刘敏，张翀，巨晓棠，等. 箱体结构及计算方法对夏玉米农田 N_2O 排放测定结果的影响 ［J］. 农业环境科学学报，2018，37（6）: 1284-1290.

［84］ 肖杰，刘平静，孙本华，等. 长期施用化肥对旱作雨养农田 N_2O 排放特征的影响 ［J］. 西北农林科技大学学报（自然科学版），2020，48（5）: 108-114，122.

［85］ 周晨，潘玉婷，刘敏，等. 反硝化过程中氧化亚氮释放机理研究进展 ［J］. 化工进展，2017，36（8）: 3074-3084.

［86］ 刘爱民，封志明，徐丽明. 现代精准农业及我国精准农业的发展方向 ［J］. 中国农业大学学报，2000（2）: 20-25.

［87］ 王亚宜，周东，赵伟，等. 污水生物处理实际工艺中氧化亚氮的释放：现状与挑战 ［J］. 环境科学学报，2014，34（5）: 1079-1088.

［88］ WUNDERLIN P, MOHN J, JOSS A, et al. Mechanisms of N_2O production in biological wastewater treatment under nitrifying and denitrifying conditions ［J］. Water Research, 2012, 46（4）: 1027-1037.

［89］ 郭玉洁，于晓婷，李聪，等. Cu^{2+} 和 Fe^{3+} 对同步硝化反硝化过程 N_2O 释放特征的影响 ［J］. 现代化工，2021，41（3）: 92-97，104.

［90］ 程文彬. 壳牌去除氮氧化物催化剂和去除二恶英催化剂 ［C］. 全国大气污染治理暨脱硫脱硝（氮）、汞、二氧化碳排放控制、除尘技术创新大会，2010.

［91］ SAZAMA P, WICHTERLOVÁ B, TÁBOR E, et al. Tailoring of the structure of Fe-cationic species in Fe-ZSM-5 by distribution of Al atoms in the framework for N_2O decomposition and NH_3-SCR-NO_x ［J］. Journal of Catalysis, 2014, 312: 123-138.

［92］ HABER JERZY, NATTICH MALGORZATA, MACHEJ TADEUSZ. Alkalimetal promoted rhodium-on-alumina catalysts for nitrous oxide decomposition [J]. Applied catalysis B-Environmental, 2008, 77（3-4）: 278-283.

[93] WEI Q, FAN H, QIN F, et al. Metal-free honeycomb-like porous carbon as catalyst for direct oxidation of benzene to phenol [J]. Carbon, 2018, 6-13.

[94] 秦红灵, 陈安磊, 盛荣, 等. 稻田生态系统氧化亚氮（N_2O）排放微生物调控机制研究进展及展望 [J]. 农业现代化研究, 2018, 39（6）: 922-929.

[95] 韩海成, 周东, 王亚宜, 等. 城市污水 A^2/O 处理系统好氧池 N_2O 和 NO 的释放特征及影响因素 [J]. 中国环境科学, 2016, 36（2）: 398-405.

[96] YAO B O, ROSS K, ZHU J, et al. Opportunities to enhance non-carbon dioxide green gas mitigation in China [R]. 2016.

[97] 左晓宇, 任羽, 袁海荣, 等. 纤维素与稻草厌氧消化产气性能对比实验研究 [J]. 再生资源与循环经济, 2018, 11（2）: 29-32.

[98] AGUILERA E, LASSALETTA L, SANZ-COBENA A, et al. The potential of organic fertilizers and water management to reduce N_2O emissions in Mediterranean climate cropping systems. A review [J]. Agr. Ecosyst. Environ., 2013, 164: 32-52.

[99] 潘根兴, 林振衡, 李恋卿, 等. 试论我国农业和农村有机废弃物生物质碳产业化 [J]. 中国农业科技导报, 2011, 13（1）: 75-82.

[100] 张武, 杨琳, 王紫娟. 生物固氮的研究进展及发展趋势 [J]. 云南农业大学学报（自然科学）, 2015, 30（5）: 810-821.

[101] VOIGT C A. Synthetic biology 2020-2030: six commercially-available products that are changing our world [J]. Nat. Commun., 2020, 11（1）: 6379.

[102] 燕永亮, 田长富, 杨建国, 等. 人工高效生物固氮体系创建及其农业应用 [J]. 生命科学, 2021, 33（12）: 1532-1543.

[103] 燕永亮, 王忆平, 林敏. 生物固氮体系人工设计的研究进展 [J]. 生物产业技术, 2019,（1）: 34-40.

[104] 魏后凯. 城市蓝皮书—中国城市发展报告 NO.11（2018 版）[R]. 2018.

[105] 林敏. 加强生物固氮科技创新, 支撑"藏粮于地"国家战略 [J]. 农经, 2021,（3）: 51-53.

[106] 刘凤洲, 李厚勇, 贾中立, 等. 不同水肥处理对菏麦 20 农艺性状及产量的影响 [J]. 山东农业科学, 2018, 50（11）: 102-104.

［107］ 杨静，王玉萍，王群，等. 非充分灌溉的研究进展及展望［J］. 安徽农业科学，2008，（8）：3301-3303.

［108］ 邴昊阳. 集雨水灌种植模式对农田土壤水温状况及春玉米生长的影响［D］. 西北农林科技大学，2013.

［109］ 张桂萍. 经济作物水肥一体化技术推广应用探析［J］. 现代农业科技，2021，（24）：67-69.

［110］ 姚建松. 3S 技术在精细农业中的应用［J］. 农业装备技术，2009，35（1）：22-25.

［111］ 广州源缘科技有限公司. 水处理管控一体化系统解决方案［EB/OL］.［2022-03-04］. https://www.gz-yykeji.cn.

［112］ 付加锋，冯相昭，高庆先，等. 城镇污水处理厂污染物去除协同控制温室气体核算方法与案例研究［J］. 环境科学研究，2021，34（9）：2086-2093.

［113］ LAW Y, NI B J, LANT P, et al. N_2O production rate of an enriched ammonia-oxidising bacteria culture exponentially correlates to its ammonia oxidation rate［J］. Water Research, 2012, 46（10）: 3409-3419.

［114］ 赵聪聪，张建，胡振，等. 碳源类型对污水生物处理过程中氧化亚氮释放的影响［J］. 环境科学学报，2011，31（11）：2354-2360.

［115］ 李文静，李华波，许云波，等. 一氧化二氮炉内减排环保催化剂的研制［J］. 大氮肥，2020，43（4）：284-288.

［116］ 周占海. 抑制煤燃烧烟气中 NO_x 浓度的有效措施［J］. 黑龙江科技信息，2002，（9）：19.

［117］ 王涵啸. SCR 脱硝催化剂改性协同催化分解 N_2O 的实验研究［D］. 华北电力大学（北京），2021.

［118］ 刘福东，单文坡，潘大伟，等. NH_3 选择性还原 NO_x 技术在重型柴油车尾气净化中的应用［J］. 催化学报，2014，35（9）：1438-1445.

［119］ 季建刚，黎立新，蒋维钢. 跨临界循环二氧化碳制冷系统研究进展［J］. 机电设备，2002，（4）：23-27.

［120］ 姚建家. 复杂电解质体系下铝电解阳极效应的分析及控制［J］. 科学技术创新，2018，（36）：36-37.

［121］ 张磊. 铝电解中阳极效应的原因及控制措施分析［J］. 世界有色金属，2018，（23）：13，15.

［122］孙克萍，先晋聪，曹瑞清. 电解铝烟尘污染现状及防治对策［J］. 新疆有色金属，2001，（3）：28-31.

［123］罗丽芬，秦庆东，邱仕麟，等. 铝电解生产过程全氟化碳（PFC）的减排研究现状［J］. 轻金属，2010，（10）：31-34，63.

［124］王兴云，任静云，刘昆鹏，等. 浅谈铝电解过程中的节能降耗措施［J］. 中国新技术新产品，2015，（3）：42.

［125］吕子剑. 对于铝电解惰性阳极的选材与研究方向的思考［J］. 轻金属，2003，（10）：3-5，64.

［126］佟庆，姜冬梅，魏欣旸. 全国碳市场电解铝企业温室气体核算方法与案例解析［J］. 生态经济，2019，35（3）：23-26.

［127］任利海. 六氟化硫：最可怕的温室气体［J］. 生态经济，2020，36（3）：5-8.

［128］李盛姬，黄雪静，齐海，等. 含氟电子气体研究进展［J］. 低温与特气，2013，31（1）：1-5.

［129］徐娇，张建君，史婉君，等. 我国含氟电子气体发展现状及技术进展［J］. 低温与特气，2018，36（3）：1-5.

［130］丁远胜，刘少博，潘彦，等. 六氟丁二烯制备及应用研究进展［J］. 化工生产与技术，2016，23（6）：13-16，7.

［131］迟敬元，张亮. 六氟化硫的现场回收处理技术分析［J］. 科学技术创新，2017，（29）：53-54.

［132］苏镇西，马斌. SF₆气体回收再利用技术的推广应用［J］. 华东电力，2011，39（11）：1874-1875.

［133］范胤祯. 工业水处理中膜分离技术的应用研究［J］. 化工管理，2014，（12）：84.

［134］张晓星，胡雄雄，肖焓艳. 介质阻挡放电等离子体降解SF₆的实验与仿真研究［J］. 中国电机工程学报，2017，37（8）：2455-2465.

［135］刘援，孙丹妮，张建君，等. 中国履行《蒙特利尔议定书（基加利修正案）》减排三氟甲烷的对策分析［J］. 气候变化研究进展，2018，14（4）：423-428.

［136］饶汀. 浅谈空分装置的预纯化技术［J］. 化工技术与开发，2017，46（10）：39-42.

［137］姬春彦. 制冷剂回收处置技术研究［D］. 河北工业大学，2016.

［138］冯倩倩，张光宇，戴海闻，等. 颠覆性技术遴选的指标体系与流程设计——基于扎根理论的多案例研究［J］. 科技管理研究，2021，41（24）：50-59.

［139］ 丛建辉，李锐，王灿，等. 中国应对气候变化技术清单研制的方法学比较［J］. 中国人口·资源与环境，2021，31（3）：13-23.

［140］ 项目综合报告编写组.《中国长期低碳发展战略与转型路径研究》综合报告［J］. 中国人口·资源与环境，2020，30（11）：1-25.

［141］ SAATY T L. Axiomatic foundation of the analytic hierarchy process［J］. Management Science, 1986, 32（7）：841-855.

［142］ 李枭鸣，朱法华，王圣，等. 我国火电行业碳减排技术的综合评估研究［J］. 环境科技，2014，27（4）：14-17.

［143］ 尚丽，刘双，沈群，等. 典型二氧化碳利用技术的低碳成效综合评估［J］. 化工进展，2022，41（3）：1199-1208.

［144］ 王立群. 美国的技术成熟度等级［J］. 质量与可靠性，2009，（2）：55-57.

［145］ 曲麒富，王崑声，马宽，等. 技术成熟与技术风险评估方法在我国的适用性研究［J］. 科学决策，2015，（7）：69-78.

［146］ 王兴丽. 新技术商业化分阶段评价模型研究［D］. 清华大学，2004.

［147］ 黄海.“双碳”目标下石化行业关键低碳技术综合评估分析与减排贡献研究［J］. 当代石油石化，2022，30（2）：11-17.

［148］ 王东辉. 有序决策树在SOCA下的扩展及模糊有序决策树的研究［D］. 河北大学，2015.

［149］ 方艳. 中国资本市场是否存在绿色溢价［D］. 浙江财经大学，2019.

［150］ 陈德湖，潘英超，武春友. 中国二氧化碳的边际减碳成本与区域差异研究［J］. 中国人口·资源与环境，2016，26（10）：86-93.

［151］ 张杰，王圣. 发电行业低碳减排技术水平评估体系及方法［J］. 山西建筑，2013，39（34）：194-196.

［152］ 刘影，王建民，范玉环.“碳达峰”目标与经济增长约束下我国能源结构调整测算［J］. 枣庄学院学报，2022，39（2）：75-83.

［153］ 姜玲玲，刘晓龙，葛琴，等. 我国能源结构转型趋势与对策研究［J］. 中国能源，2020，42（9）：15-19，27.

［154］ 董文娟，孙铄，李天枭，等. 欧盟甲烷减排战略对我国碳中和的启示［J］. 环境与可持续发展，2021，46（2）：37-43.

［155］ 秦虎，冉泽. 欧美甲烷减排政策最新进展分析及对中国的启示［J］. 世界环境，

2022,（1）：77-81.

［156］ 张岑，李伟. 欧美甲烷减排战略与油气行业减排行动分析［J］. 国际石油经济，
2021，29（12）：16-23.

［157］ DEETMAN S, HOF A F, PFLUGER B, et al. Deep greenhouse gas emission reductions in
Europe: exploring different options［J］. Energy Policy, 2013, 55, 152-164.

［158］ MELSE R W, OGINK N W M, RULKENS W H. Overview of European and Netherlands'
regulations on airborne emissions from intensive livestock production with a focus on the
application of air scrubbers［J］. Biosystems Engineering, 2009, 104（3）: 289-298.

［159］ SANTONJA G G, GEORGITZIKIS K, SCALET B M, et al. Best Available Techniques（BAT）
Reference Document for the Intensive Rearing of Poultry or Pigs: Industrial Emissions
Directive 2010 / 75 / EU, Publications Hice, 2017.

［160］ JOS DELBEKE, PETER VIS. 欧盟气候政策说明［R］. 2016

［161］ CORJAN BRINK C, VAN IERLAND E, HORDIJK L, et al. Cost-effective emission
abatement in agriculture in the presence of interrelations: cases for the Netherlands and
Europe［J］. Ecological Economics, 2005, 53: 59-74.

［162］ BELL M J, HINTON N J, CLOY J M, et al. How do emission rates and emission factors
for nitrous oxide and mmonia vary with manure type and time of application in a Scottish
farmland［J］. Geoderma, 2016, 264: 81-93.

［163］ INGER M, MOSZOWSKI B, RUSZAK M, et al. Two-Stage Catalytic Abatement of N_2O
Emission in Nitric Acid Plants［J］. Catalysts, 2020, 10（9）: 987.

［164］ LECOMTE T, DE LA FUENTE J F F, NEUWAHL F, et al. Best Available Techniques（BAT）
Reference Document for Large Combustion Plants: Industrial Emissions Directive 2010/75/
EU, Publications Hice, 2017.

［165］ BRINKMANN T, SANTONJA G G, YÜKSELER H, et al. Best Available Techniques（BAT）
Reference Document for Common Waste Water and Waste Gas Treatment/Management
Systems in the Chemical Sector: Industrial Emissions Directive 2010/75/EU, Publications
Hice, 2016.

［166］ European Commission. Best Available Techniques（BAT）Reference Document for the
Manufacture of Large Volume Inorganic Chemicals-Ammonia, Acids, Fertilisers,
2007.

［167］　姚波，ROSS K，朱晶晶，等. 全面减排迈向净零排放目标——中国非二氧化碳温
　　　　　室气体减排潜力研究［R］. 华盛顿特区：世界资源研究所，2016.